神经网络理论方法及控制技术应用研究

王晓红　著

·北京·

内 容 提 要

神经网络作为一门新兴的信息处理科学，是对人脑若干基本特性的抽象模拟。它是以人的大脑工作模式为基础，研究自适应及非程序的信息处理方法。本书系统地论述了神经网络的主要理论、控制技术及应用实例，旨在使读者理解和熟悉神经网络及其控制的基本原理和主要应用，掌握它的结构和设计应用方法。主要内容包括神经网路基础论、神经网络控制原理、感知器神经网络、BP 神经网络、时滞神经网络、CMAC 网络、模糊神经网络控制系统等，并且注意引入目前神经网络研究领域的前沿知识如人工智能等。本书内容科学，重点突出。

图书在版编目（CIP）数据

神经网络理论方法及控制技术应用研究 / 王晓红著．-- 北京：中国水利水电出版社，2017.11（2022.9重印）

ISBN 978-7-5170-6008-6

Ⅰ.①神… Ⅱ.①王… Ⅲ.①人工神经网络-研究 Ⅳ.①TP183

中国版本图书馆 CIP 数据核字（2017）第 267658 号

责任编辑：陈 洁　　　封面设计：王 伟

书　名	神经网络理论方法及控制技术应用研究 SHENJING WANGLUO LILUN FANGFA JI KONGZHI JISHU YINGYONG YANJIU
作　者	王晓红　著
出版发行	中国水利水电出版社 （北京市海淀区玉渊潭南路 1 号 D 座　100038） 网址：www.waterpub.com.cn E-mail：mchannel@263.net（万水） sales@mwr.gov.cn 电话：(010)68545888(营销中心)、82562819（万水）
经　售	全国各地新华书店和相关出版物销售网点
排　版	北京万水电子信息有限公司
印　刷	天津光之彩印刷有限公司
规　格	170mm×240mm　16 开本　12 印张　200 千字
版　次	2018年1月第1版　2022年9月第2次印刷
印　数	2001-3001册
定　价	48.00 元

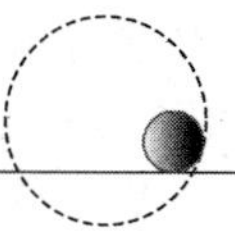

Preface 前言

神经网络技术是20世纪末迅速发展起来的一门高新技术。由于神经网络具有良好的非线性映射能力、自学习适应能力和并行信息处理能力，为解决不确定非线性系统的建模和控制问题提供了一条新的思路，因而吸引了国内外众多的学者和工程技术人员从事神经网络控制的研究，并取得了丰硕成果，提出了许多成功的理论和方法，使神经网络控制逐步发展成为智能控制的一个重要分支。

神经网络控制的基本思想就是从仿生学角度，模拟人神经系统的运作方式，使机器具有人脑那样的感知、学习和推理能力。它将控制系统看成是由输入到输出的一个映射，利用神经网络的学习能力和适应能力实现系统的映射特性，从而完成对系统的建模和控制。它使模型和控制的概念更加一般化。从理论上讲，基于神经网络的控制系统具有一定的学习能力，能够更好地适应环境和系统特性的变化，非常适合于复杂系统的建模和控制。特别是当系统存在不确定性因素时，更体现了神经网络方法的优越性，它高度综合了计算机科学、信息科学、生物科学、电子学、物理学、医学、数学等众多学科，具有独特的非线性、非凸性、非局域性、非定常性、自适应性和容错性。

神经网络作为一种网络模型，其具体使用必须依赖某种实现方式。部分反馈神经网络可以使用电子电路来实现，但更通用的实现方法是利用计算机编程语言。MATLAB 就是一个非常好的选择，利用它可以方便地实现网络结构模型。MATLAB 是由美国 Math Works 公司发布的，主要面对科学计算、可视化以及交互式程序设计的高科技计算环境。它将数值分析、矩阵计算、科学数据可视化以及非线性动态系统的建模和仿真等诸多强大功能集成在一个易于使用的视窗环境中，为科学研究、工程设计以及必须进行有效数值计算的众多科学领域提供了一种全面的解决方案，并在很大程度上摆脱了传统非交互式程序设计语言的编辑模式，代表了当今国际科学计算软件的先进水平，在科学和工程实践中获得了广泛的应用。

本书共八章。第一章阐述了神经网络基础理论，设计网络的结构及工作方式、学习规则及其应用。第二章对神经网络控制的基本理论、技术基础，升级网络的辨识器控制器进行了阐述说明。第三章针对感知器神经网络及其 PID 控制进行说明。第四章内容涉及 BP 神经网络模型与结构、算法与推导及其控制应用等方面。第五章主要阐述了时滞神经网络的稳定性与同步控制。第六章主要对 CMAC 网络及其控制实现进行阐述。第七章对模糊神经网络控制系统及应用分析进行阐述说明。第八章为神经网络与人工智能研究。

本书从发起、构思到落笔为时匆匆，加上涉及的内容广泛，书中难免出现疏漏及不妥之处，敬请学术界同仁和广大读者批评和指正。

作　者

2017 年 8 月

Contents 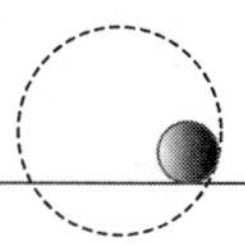 目 录

第一章　神经网络基础理论

人类的大脑是由复杂的神经网络组成的，正是由于这些神经网络，人们才能以非常高的速度理解感官的信息、神经网络。更精确地说，人工神经网络，是以人脑的生理研究成果为基础的，这是高度简化后的生物神经网络的一种近似。它模拟人脑神经系统的结构及其在不同程度、不同层次的信息处理、存储和检索功能，为了模拟人脑的某些功能和机制，某些方面的功能，虽然他们对人脑神经系统的了解非常有限，但人工神经网络具有很高的智能水平和实用价值，在众多领域得到了广泛应用。

第一节　神经网络的内涵界定

一、神经网络的内涵

非线性科学的深入研究改变了人们对自然、社会的基本观点，例如，曾经被人们认为是有害的“混沌”现象，现已被广泛地应用于数学、物理、医学、通信、生物工程等领域。[①] 尽管非线性科学的研究已经取得了长足的进展，但是，人们对非线性问题和现象的研究和认识还远远没有达到成熟的程度，非线性科学正逐步成为跨学科的研究前沿和热点。

目前，神经网络的定义是不均匀的，根据美国科学家 Hecht Nielsen 的神经网络，神经网络是由多个计算机系统非常简单的处理单元，在某种程度上彼此互相形成了系统的动态响应，取决于外部输入信息的状态信息处理。综合神经网络的起源、特点和各种解释可以概括为：人工神经网络是模仿人脑结构和功能而设计的信息处理系统。

① 周尚波．时延神经网络系统的 Hopf 分岔、混沌及其控制研究［D］．电子科技大学博士学位论文，2003.

人工神经网络的历史发展可以追溯到20世纪40年代初，1943年，美国神经生物学家Mc Culloch与数理逻辑学家Pitts在数学生物物理学会刊Bulletiorno，Mathematical Biophysics上发表文章，从脑信息处理的角度，利用脑细胞的数学模型和生物神经元的结构和动作的基本生理特征，建立了神经元的第一个神经计算模型，即神经元的阈值元模型，简称M-P型：

$$\begin{cases} v_i(k+1) = \text{sgn}[v_i(k)] \\ v_i(k) = \sum_{j=1}^{n} T_{ij}v_j(k) + I_j \end{cases}$$

其中

$$\text{sgn}(\theta) = \begin{cases} 1, & \theta > 0 \\ -1, & \theta < 0 \end{cases}$$

v_i表示第i个神经元的输入；$_i$表示第i个神经元的输出；T_{ij}表示第i个神经元和第j个神经元之间的连接强度；I_i代表了第i个神经元的外部输入。他们在原则上证明了人工神经网络可以计算任何算术和逻辑功能，在人工神经网络的研究中迈出了第一步。该模型具有激励和抑制两种状态，可以执行有限的逻辑运算。该模型虽然简单，但为建立人工神经网络模型和理论研究奠定了基础。

人工神经网络的第一次实际应用出现在20世纪50年代末。1958年，计算机科学家Nank Rosenblatt提出了著名的感知模型，包括阈值神经元，模拟感知和动物的学习能力和大脑。学习的过程是改变神经元之间的连接强度的传感器，适用于模式识别、联想记忆和其他人在实用技术感兴趣，感知器模型包括一个现代神经计算机的基本原理、结构和电神经和生理知识，提高人工神经网络研究的第一次高潮。[①]

1960年，Bernard Widrow和Ted Hoff发表了题为《自适应开关电路》的论文。他们提出了自适应线性元件网络，简称ADALINE（Adaptive Linear Element），这是一种连续取值的线性加权求和阈值网络，为了训练该网络，他们还提出了Widrow-Hoff算法，该算法后来被称为LMS（Least Mean Square）算法，即数学上俗称的最速下降法，这种算法在后来的误差反向传播（Back-Propagation）及自适应信号处理系统中得到了广泛应用，然而，在1969年，人工智能的先驱Marvin Minsky和Seymour Papert出版了名为PF-rceptroris的专著，论证了简单的线性感知器功能是有限的，并指出单层感知器只能进行线性分类，不能解决“异或（XOR）”

---

① 郗强．具有混合时滞和分段常数变元的脉冲神经网络的稳定性的分析［D］．山东大学博士学位论文，2014.

这样的基本问题，更不能解决非线性问题。于是，Minsky 断言这种感知器无科学研究价值可言，包括多层的感知器也没有什么实际意义。当时，由于没有功能强大的数字计算机来支持各种实验，使得许多研究人员对于神经网络的研究前景失去了信心，以至于神经网络在随后的 10 年左右一直处于萧条的状态，尽管如此，在这一时期，仍然有不少学者在极端艰难的条件下致力于人工神经网络的研究。例如，美国学者 Stephen Grossberg 等提出了自适应共振理论（Adaptive Resonance Theory，ART 模型），并在之后的若干年发展了 ART1，ART2 和 ART3 三种神经网络模型；芬兰学者 Kohonen 提出了自适应映射（Self-Organizing Map，SOM）理论模型，这是一种无监督学习型人工神经网络；Anderson 和 Coworkers 提出了盒中脑（Brain-State-in-a-Box，BSB）神经网络，[①] 这是一种节点之间存在横向连接和节点自反馈的单层网络，可以用作自联想最邻近分类器，并可存储任何模拟向量模式等。这些工作都为以后的神经网络研究和发展奠定了理论基础，神经网络研究的重新兴起，在很大程度上归功于美国加州理工学院（California Institute of Technology）生物物理学家 John J. Hopfield，1982 年的工作，他提出了一个全连接神经网络（Hopfield 神经网络）模型，对神经网络模型的电路设计和开发，并用它成功地解决了旅行商（Traveling Salesman Problem，TSP）优化问题，这种连续神经网络可以用如下微分方程描述：

$$C_i \frac{\mathrm{d}u_i}{\mathrm{d}t} = -\frac{u_i}{R_i} + \sum_{j=1}^{n} T_{ij} V_j + I_i, \ i = 1, 2, \cdots, n$$

其中，电气阻尼和 R_i 并行仿真电容、模仿生物神经元的延迟特性；电阻 $R_{ij} = 1/T_{ij}$ 模拟突触特性；电压 v_i 为第 i 个输入神经元；$V_i = g_i(v_i)$ 运算放大器的输出，是一个非线性的连续可微函数，严格单调，生物神经元特性的非线性。Hopfield 通过能量函数及 LaSalle 不变性原理给出了网络模型的状态（即动力学模型中的流量）最终收敛于平衡点集这一重要的动力学分析结果。这为联想记忆及优化的性能与功效的提高提供了强有力的理论基础，对神经网络研究的复兴起到了重大的影响和推动作用。

1983 年，Michael A. Cohen 和 Stephen Grossberg 合作提出了一类新型神经网络模型（Cohen-Grossberg 神经网络）：

$$\dot{x}_i t = -\alpha_i[x_i(t)]\left\{b_i\left[x_i(t) - \sum_{j=1}^{n} t_{ij} S_j[x_j(t)]\right]\right\}$$

① 飞思科技产品研发中心．神经网络理论与 MATLAB7 实现［M］．北京：电子工业出版社，2006，第 25 页．

式中，X_j 是第 J 个神经元的状态，$\alpha_i[x_i(t)]$ 是系数，$b_i[x_i(t)]$ 是自激项，$t_{ij}S_j[x_j(t)]$ 是第 J 个神经元到第 i 个神经元的加权抑制输入。Cohen-Grossberg 神经网络是一种更为广义的神经网络模型，在形式上描述了来自神经生物学、人口生态和进化理论等一大类模型，以及著名的 Hopfield 神经网络模型。

1988 年，美国加利福尼亚大学伯克利分校的华裔科学家蔡少棠（Leon O. Chua）教授受细胞自动机的启发下，基于 Hopfield 神经网络提出了一种新的神经网络模型——细胞神经网络模型：

$$\begin{cases} \dot{x}_{ij}(t) = -x_{ij}(t) + \sum\limits_{k,\ l \in N_{ij}(r)} a_{kl} f(x_{kl}) + \sum\limits_{k,\ l \in N_{ij}(r)} b_{kl} f(v_{kl}) + z_{ij} \\ y_{ij} = f(x_{ij}) = \dfrac{1}{2}\left(\left| \dfrac{1}{2} + 1 \right| - |x_{ij} - 1| \right) \end{cases}$$

与 Hopfield 神经网络和 Cohen Grossberg 的神经网络模型相同，神经网络是一个复杂的非线性仿真体系统。细胞神经网络的基本单元电路称为一个细胞（Cell），包括线性电容、线性电阻，线性和非线性电源和电源控制，在网络中，每一个细胞相邻的细胞连接，也就是说，相邻细胞直接相互影响，并连续时间动态的细胞神经网络的传递函数，有细胞之间没有直接的关系也可能有间接的影响，这使得每个模块的细胞神经网络更易于实现大规模集成电路。

同时，Kosko 提出了一个双向联想记忆（Bi-Directional Associative Memory，BAM）的神经网络模型：

$$\begin{cases} \dot{x}_i(t) = -a_i x_i(t) + \sum\limits_{K=1}^{N} a_{ik} f_k[y_k(t)] + I_i,\ i = 1,\ 2,\ \cdots,\ N \\ \dot{y}_j(t) = -b_j y_j(t) + \sum\limits_{l=1}^{P} a_{il}\, g_l[x_l(t)] + J_i,\ i = 1,\ 2,\ \cdots,\ P \end{cases}$$

联想记忆神经网络模拟人脑，把一些模式存储在神经网络的权值中，通过大规模并行计算，失真模式不完整，通过“噪声污染”来恢复网络中原有的模式本身。例如，当你听到一首歌的一部分，你可以想到整首歌；看到某人的名字会产生他或她的容貌、相貌等特征。前者称为自联想，而后者称为异联想，异联想也称为双向联想记忆，如图 1-1 所示。BAM 存储器可以存储两组矢量 N 维矢量 $A=(a_0, a_1, \cdots, a_{N-1})$ 和 P 维矢量 $\beta=(b_0, b_1, \cdots, b_{N-1})$，给定 A 可经过联想得到对应的标准样本 B，当有噪声或残缺时，联想功能可使样本对复原。

目前，大批学者围绕神经网络展开了进一步的研究工作，大量神经网络模型相继被提出，例如，竞争神经网络模型、忆阻器神经网络模型、分数阶神经网络模型等。正是由于神经网络独特的结构和处理信息的方法，它们在诸如最优化计算、自动控制、信号处理、模式识别、故障诊断、海洋遥感、时间序列分析、机器人运动等许多实际领域表现出了良好的智能特性和潜在的应用前景。

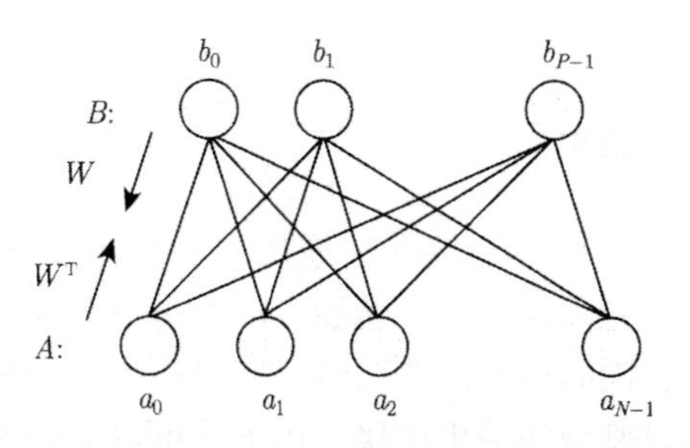

图 1-1 由矢量 A 和 B 组成的双向联想记忆神经网络

二、神经网络的基本知识

人类的大脑是一个信息处理系统，宇宙中已知的最复杂、最完善、最有效的，最高是生物进化的产物，是人类智慧的物质基础，是思维和情感等高级的心理活动，也是人类认知的几个领域。长期以来，人们不断地通过神经科学、生物学、心理学、认知科学、数学、电子，在一系列的研究和分析，计算机科学和其他学科的神经网络，对大脑神经网络的一些特性，设计了一个智能系统有一些功能相似的大脑处理各种信息，解决不同的问题。

使用机器人代替人脑是科学技术发展的一个重要标志。计算机是一种利用电子元件来执行人脑的一些记忆、计算和判断功能的系统。在现代计算机，每个电子元件在纳秒（10^{-9} s）计算的水平，而人类大脑中的每个神经细胞只有几毫秒的反应时间（曲线）。然而，在记忆、语言理解、直觉推理、图像识别等决策过程中，人脑往往只需 1 到 2 个小时就完成了复杂的加工过程。换句话说，大脑神经元不需要超过 100 个步骤去做一个决定，和 Vanderman（J. A. feldman）称这 100 步程序的长度。显然，任何现代串行计算机都不能 100 步完成这些任务。因此，人们希望追求一种能够超越人类计算能力的新的信号处理系统，具有识别、判断、联想和决策的能力。

人工神经网络是一种并行与分布式系统、机制与传统人工智能和信息处理技术完全不同，克服了基于直觉的传统人工智能逻辑符号的不足，非结构化信息处理的缺陷，具有自组织、自适应的特点，实时学习。

第二节 神经网络的结构及工作方式

一、神经网络的结构

神经网络是由许多相互连接的神经元（也称为元素或节点）和输入的外部环境，每个神经元执行两个功能：输入来自其他神经元的不同重量和外部输入的叠加，同时输入的非线性变换以产生一个输出的叠加，通过连接其他的神经元对刺激的输出连接，用下式可以表示第 i 个神经元所执行的这两个功能：①

$$\begin{cases} y_{ji}(t)=f_i[X_i(t)-\Gamma_i] \\ u_{ji}(t)=w_{ji}y_i(t-T_{ji}) \end{cases}$$

其中，X_i 为第 i 个神经元的状态变量；Γ_i 为第 i 个神经元的激励函数阈值；y_i 为该神经元把来自其他神经元的输入施以不同的连接权并对外部输入叠加，同时对这个叠加的输入进行非线性变换后产生的输出；该神经元的输出 y_i 又通过连接权 w_{ij} 与第 j 个神经元相连；T_{ji} 则为第 j 个神经元与第 i 个神经元之间的传输时滞。

要设计一个神经网络，必须确定以下四个方面的内容：

（1）神经元间的连接模式；

（2）激励函数；

（3）连接权值；

（4）神经元个数。

这里，我们主要讨论神经网络的连接模式和激励函数。

神经网络是一个复杂的互联系统，各单元之间的互联方式将对网络的性能和功能产生重要的影响。根据不同的连接方式，神经网络可以分为两类：前馈神经网络和反馈（递归）神经网络。前馈网络主要是前馈神经网络映射的函数，每个神经元接收前一级的输入和输出到下一级，没有反馈。节点分为两类，即输入节点和计算节点，每个计算节点可以有多个输入，但只有一个输出，通常的前馈网络可以分为不同的层次，第 i 层的输入只与第 $i-1$ 层的输出相连，输入与输出节点与外界相连，而其他中间层

① 甘勤涛，徐瑞．时滞神经网络的稳定性与同步控制［M］．北京：科学出版社，2016，第5页．

则称为隐层。常见的前馈神经网络有 BP 网络、RBF 网络等，可用于模式识别和函数逼近，在无反馈的前馈神经网络中，信号一旦通过某个神经元，过程就结束了。而在递归神经网络中，连续变化的动态过程中，神经元之间、神经元之间的往返传输必须重复信号。它将从初始状态开始，经过几次变化后，将达到一个平衡状态，根据神经元和神经网络的结构特点，很可能进入诸如混沌振荡或其他平衡状态的周期。递归神经网络由于存在反馈，所以它是一个非线性动态系统，可以用来实现和求解联想记忆神经网络的优化问题，本书讨论的神经网络主要是递归神经网络。

从图 1-2 可以看出，模仿生物神经元的激活对外界刺激的激励功能（兴奋）和抑制两种状态，即如果外部刺激兴奋神经元的输出是高和低的水平，因为每个神经元的激活函数的其他神经元的输入加权和作为输入的非线性变换函数，并转化为由于输出触摸其他神经元激励函数的特性，是神经网络的性能至关重要，如具有有界激励函数的神经网络总能保证平衡点的存在性，而对于无界的激励函数，神经网络则可能不存在平衡点。

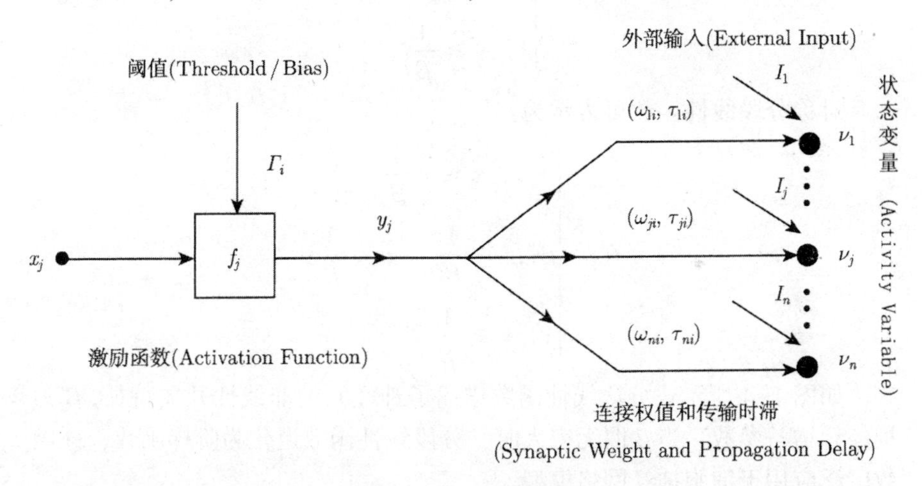

图 1-2　神经网络结构

激励函数形式多样，利用它们的不同特性可以构成功能各异的神经网络，典型的激励函数包括阶梯函数、线性作用函数和 Sigmoid 函数等。

阶梯函数如图 1-3 所示，可以用下式表示：

$$f(v)=\begin{cases}1, & v \geqslant 0\\ 0, & v < 0\end{cases}$$

例如，McCulloch-Pitts 模型的激励函数采用的就是阶梯函数。

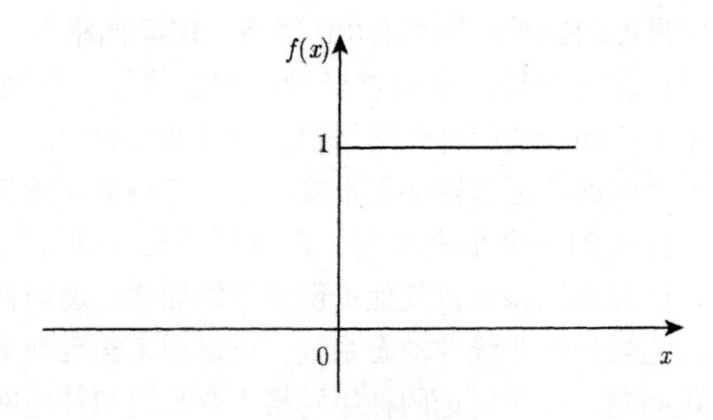

图 1-3　阶梯函数

分段线性函数可分为非对称分段线性函数和对称分段线性函数。其中，非对称分段线性函数可表示为：

$$f(x)\begin{cases}0,\ 0 \leqslant 0 \\ \beta x,\ 0 < x < \dfrac{1}{\beta} \\ 1,\ x \geqslant \dfrac{1}{\beta}\end{cases}$$

对称分段线性函数可表示为：

$$f(x)\begin{cases}-1,\ x \leqslant -\dfrac{1}{\beta} \\ \beta x,\quad -\dfrac{1}{\beta} < x < \dfrac{1}{\beta} \\ 1,\ x \geqslant \dfrac{1}{\beta}\end{cases}$$

如图 1-4 所示，分段线性函数描述了神经元的非线性开关特征，β 为神经元增益参数，当 β 取无穷大时，分段线性函数退化为阶梯函数，该函数广泛应用于细胞神经网络模型。

Sigmoid 函数也称为 S 型作用函数，是目前应用最广的一种激励函数，为严格单调增光滑有界函数。[①] Sigmoid 函数可分为非对称型和对称型，其中非对称型 Sigmoid 函数可表达为：

$$f(x) = \frac{1}{1 + e^{-\beta x}},\ x \in R$$

式中，$\beta = f'(0) > 0$ 为神经元增益参数，如图 1-5 所示。

① 钟守铭，刘碧森，王晓梅，范小明．神经网络稳定性理论［M］．北京：科技出版社，2008，第 8 页．

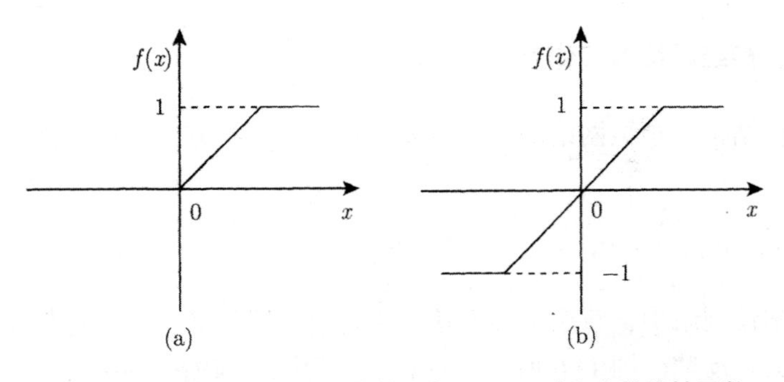

图 1−4　(a) 非对称分段线性函数，(b) 对称分段线性函数

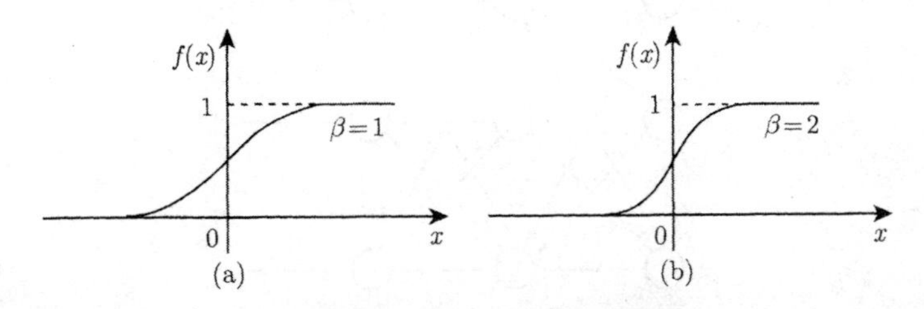

图 1−5　非对称型 Sigmoid 函数

Sigmoid 函数是光滑、可微的函数，将输入从负无穷到正无穷的范围映射到［0，1］或［−1，1］区间内，具有非线性的放大功能，在分类时比线性函数更精确，容错性更好。

研究表明，激励函数如果选择适当可以大大改善神经网络的性能。比如，激励函数的特性与神经网络的存储容量密切相关，对联想记忆模型来说，如果把通常的 Sigmoid 激励函数用非单调的激励函数代替时，联想记忆模型的记忆容量可以大大改进。而当神经网络用于优化时，仅仅考虑有界性和可微性的激励函数并不能满足实际优化的需要（为了简化理论推导，在建立神经网络模型的时候经常会对激励函数做一些假设，最常用的包括一般 Lipschitz 条件和非递减 Lipschitz 条件）①。因此，推广可使用的激励函数范围，在更加广泛的意义下（减弱有界性、可微性以及单调性的要求）研究神经网络的稳定性与混沌同步不仅可以推动神经网络理论的完善与发展，而且能为神经网络的实际应用奠定坚实的理论基础。

① Morita M. Associative memory with nonmonotone dynamics［J］. Neural Networks，1993（1）.

二、神经网络的工作方式

拓扑结构是神经网络的一个重要特征，从连接方式看神经网络主要有两种。①

（一）前馈型网络

在前馈网络中，每个神经元接收来自前一层的输入，并将其输出到下一层，无须反馈。图 1-6 所示为具有一个隐层的前馈型网络。

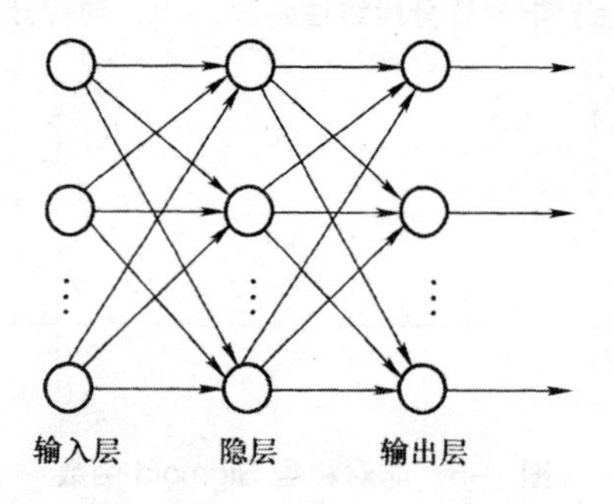

图 1-6　具有一个隐层的前馈型网络

（二）反馈型网络

反馈网络中的所有节点都是计算单元，也可以接收外界的输入和输出。它可以被绘制为一个无向图，如图 1-7a 所示，每一行是双向的。它也可以被绘制在图 1-7b 表现形式。如果单位总数为 n，每个节点有 $n-1$ 个输入和 1 个输出。

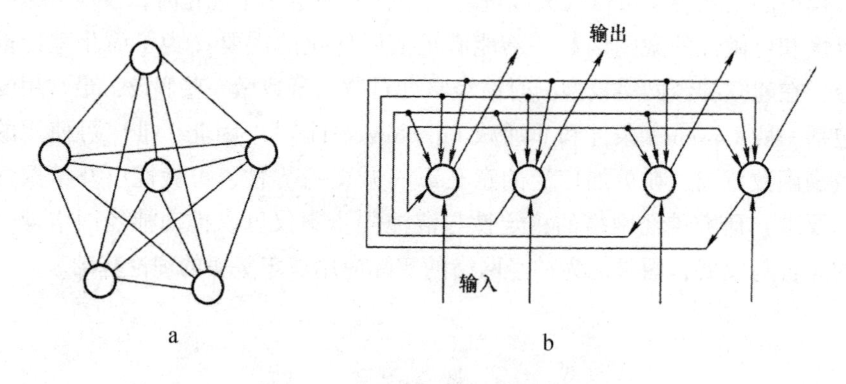

图 1-7　单层全连接反馈型网络

① 韩丽. 神经网络结构优化方法及应用［M］. 北京：机械工业出版社，2012，第 3 页.

第三节　神经网络学习规则

人有学习的能力，人的知识和智慧在不断的学习和实践中逐渐形成和发展。至于学习，它可以被定义为创造新的行为模式，基于与环境的互动，产生对外界刺激的反应。

学习过程离不开培训，学习过程是个体不断改变行为的过程。比如游泳等运动技能的学习需要反复训练，以提高数学等理论知识的需要，通过大量习题来练习。一般说来，学习的效果随着训练的数量而增加，这就是学习的进步。

学习的神经机制涉及神经元是如何分布、加工和储存的。这些问题不能仅仅通过行为来回答，研究必须在细胞和分子水平上进行。D. O. Hebb 和 J. Konorski 两位心理学家建议，学习和记忆一定包含有神经回路的变化。每一个心理功能，如记忆和思维，都是由一组神经细胞的活动决定的。突触形成是大脑功能神经元建立的关键。神经元之间突触连接的基本部分是自然的，但其他部分是通过学习过程的刺激而发展起来的。突触的形成、稳定和修饰与刺激有关，神经元的突触连接可以形成和改变，因为外界提供的刺激是不同的。

神经网络学习算法可以按分类方法进行分类，神经网络学习算法分为 3 类：有监督学习、无监督学习、灌输式学习。

（1）有监督学习。监督学习使用纠错规则。在学习和训练过程中，有必要通过几种方式向网络提供输入模式和期望的网络输出模型，这是教师的信号。在神经网络的输出与实际输出信号的预期输出的对比，教师和网络需求的不匹配，根据误差的大小和方向按一定的规则来调整输出的权重，下一代网络是接近预期结果。对于有监督学习，网络可以在完成任务前学习，在给定输入的网络时能产生所需的输出，在训练中学习网络，包括知识和规则的训练，可以用于工作。

（2）无监督学习。在学习过程中，无监督学习需要不断地提供关于网络输入的动态信息，而网络可以基于独特的内部结构模式和学习规则，在任何可能的输入流，并根据网络的权值调整输入信息和功能，这一过程称为 Ad hoc 网络，网络可以属于同一类模式自动分类。在这种学习模型中，网络权值的调整不依赖于教师信号的影响，因此可以认为网络的学习评价标准是隐含在网络中的。

（3）灌输式学习。灌输学习就是设计一个网络作为记忆的一个特殊例子，当给出关于这个例子的输入信息时，这个例子就会被回忆起来。在灌输式学习中，网络的权值不是经过训练的，而是通过一些设计方法来实现的。一旦权重被设计出来，一次性的“灌输”被用来给神经网络带来更多的变化，所以学习网络的权重是“死记硬背”而不是“训练”。

一、Hebb 学习规则

Hebb 学习规则可以用来调整神经网络的突触权重：

（1）如果一个突触（连续）两侧的两个神经元被异步激活，那么突触的能量就会选择性减弱或消除。

（2）如果突触（连续）两侧的两个神经元同时激活（即同步），则突触的能量有选择性地增加。

Hebb 学习规则的数学描述：

w_{ij} 表示神经元 x_j 到 x_i 的突触权值，$\bar{x}_j$ 和 $\bar{x}_i$ 分别表示神经元 j 和 i 在一段时间内的平均值，在学习步骤为 n 时对突触权值的调整为：

$$\Delta w_{ij}(n) = \eta[x_j(n) - \bar{x}_j][x_i(n) - \bar{x}_i]$$

式中，η 是正常数，它决定了在学习过程中从一个步骤进行到另一个步骤的学习速率，称其为学习速率。

上式中表示：

（1）如果神经元 j 和 i 活动充分时，即同时满足条件 $x_j > \bar{x}_j$ 和 $x_i > \bar{x}_i$ 时，突触权值 w_{ij} 增强。

（2）如果神经元 j 活动充分（即 $x_j < \bar{x}_j$）而神经元 i 活动不充分（$x_i < \bar{x}_i$）或者神经元 i 活动充分（$x_i > \bar{x}_i$）而神经元 j 活动不充分（$x_i < \bar{x}_i$）时，突触权值 w_{ij} 减小。

二、离散感知器学习规则

感知器的学习规则规定，学习信号等于神经元期望输出（教师信号）与实际输出之差：

$$r = d_j - o_j$$

式中，d_j 为期望的输出，$O_j = f(W_j^T)$。感知器采用符号函数为变换函数，其表达式：

$$f(W_j^T X) = \text{sgn}(W_j^T X) - \begin{cases} 1, & W_j^T X \geq 0 \\ -1, & W_j^T X < 0 \end{cases}$$

因此，权值调整公式应为：

$$\Delta W_j = \eta \left[d_j - \text{sgn}\left(W_j^T X \right) \right] X$$

$$\Delta w_{ij} = \eta \left[dj - \text{sgn}\left(W_j^T X \right) \right] x_i ,\ i = 0,\ 1,\ \cdots,\ n$$

式中，当实际输出与期望值相同时，权值不需要调整；在有误差存在的情况下，由于 d_j 和 $\text{sgn} = f(W_j^T X) \in \{-1,\ 1\}$，权值调整公式可简化为：

$$\Delta W_j = \pm 2\eta X$$

三、记忆学习规则

一种简单而有效的基于记忆的学习算法就是最近邻规则。设存储器中所记忆的某一类 l_1，含有向量 $X_N' \in \{x_1,\ x_2,\ \cdots,\ x_N\}$，如果下式成立：

$$\text{mind}\left(x_i ,\ x_{test} \right) = d(x_N' ,\ x_{test}),\ i = 1,\ 2,\ \cdots,\ n$$

则 X_{test} 属于 l_1 类。其中 $d(x_N' ,\ x_{test})$ 是向量 x_i 与 X_{test} 的欧氏距离。

四、连续感知器学习规则

δ 规则的学习信号规定为：

$$r = \left[d_j - f(W_j^T X) \right] f'(W_j^T X) = (d_j - o_j) f'(net_j) \tag{1-1}$$

在上式中定义的学习信号称为 δ，式中 $f'(W_j^T X)$ 转换的函数 $f(\text{net}_j)$ 的导数。显然，δ 规则要求的变换函数是可导的，因此它只适用于在本教程学习定义连续变换的功能，如 Sigmoid 函数。

事实上，δ 规则很容易从输出值和期望值的最小平方误差中导出。神经元输出和期望输出之间的平方误差被定义为：

$$E = \frac{1}{2}(d_j - o_j)^2 = \frac{1}{2}\left[d_j - f(W_j^T X) \right]^2 \tag{1-2}$$

其中，误差 E 为权重向量 W_j 的功能。如果误差 E 最小 W_j 应该是在错误的负梯度成正比：

$$\Delta W_j = -\eta \nabla E \tag{1-3}$$

式中，比例系数 η 为一个正常数。由式（1-2），误差梯度为：

$$\nabla E = -(d_j - o_j) f'(W_j^T X) X$$

将此结果代入式（1-3），可得权值调整计算式：

$$\Delta W_j = \eta(d_j - o_j) f'(W_j^T X) X$$

正如所看到的，上部 η 与 X 之间的部分正好是公式（1-1）中定义的学习信号 δ。在 ΔW_j 中每个组件的调整是以下的计算：

$$\Delta w_{ij} = \eta(d_j - o_j)f'(net_j)x_i,\ i = 0,\ 1,\ \cdots,\ n$$

δ 学习规则可推广到多层前馈网络中，权值可初始化为任意值。

五、相关学习规则

相关学习规则规定学习信号为：

$$r = d_j$$

易得出 ΔW_j，及 Δw_{ij} 分别为：

$$\Delta W_j = \eta d_j X$$

$$\Delta w_{ij} = \eta d_j x_i,\ i = 0,\ 1,\ \cdots n$$

该规则表明，当 d_i 为 x_i 的期望输出时，相应的权值增量 Δw_{ij} 与两者的乘积 $d_i x_i$ 成正比。

六、竞争学习规则

竞争学习规则有三个基本要素：

（1）神经元的集合。除了一些随机分布的突触权值外，所有神经元都是相同的，因此对给定的输入模式有不同的响应。

（2）一个机制。允许神经元通过竞争来响应给定的输入子集。获胜的神经元称为全神经元。

（3）每个神经元的能量是有限的。

对于指定的输入模式 x，神经元 i 成为一个获胜的神经元，然后它诱导的局部区域 v_i 大于网络中其他神经元的诱导局部区域。获胜神经元 i 的输出信号 Y_i 被设置为 1，所有竞争故障神经元的输出信号被设置为 0。这是：

$$\begin{cases} 1,\ v_i > v_j,\ j \neq 1 \\ 0,\ \text{其他} \end{cases}$$

反馈输入和所有前向的组合行为是表示神经元的感应局部场 v_k。

某个神经元 i 与输入 x_j 的突触权值为 w_{ij}，如果每个神经元分配固定数量的突触权重，即：

$$\sum_j w_{ij} = 1,\ \text{对所有}\ i$$

如果一个特定的神经元赢得了竞争，神经元的每个输入节点都放弃了部分输入权值，并且给定的权重在主动输入节点之间分配相等。根据标准竞争学习规则，将突触权值的变化定义为：

$$\Delta w_{ij} = \begin{cases} \eta(x_j - \Delta w_{ij}),\ \text{如果神经元}\ i\ \text{在竞争中获胜} \\ 0,\ \text{如果神经元}\ i\ \text{在竞争中获胜} \end{cases}$$

式中，η 是学习速率参数。获胜神经元 i 的突触权值在这个规则中能够重向量 w_{ij} 向输入模式 x_i 转移。

第四节 神经网络的应用

一、神经网络在控制领域的应用

自 20 世纪 80 年代以来，神经网络和控制理论与控制技术相结合，成为自动控制神经网络控制的前沿课题。智能控制是解决复杂非线性不确定控制系统的一个重要分支，开发了一种新的方式，[①] 主要的进展是控制神经网络领域。

（一）基于神经网络的系统辨识

神经网络具有代表任意非线性关系的能力，为解决这类问题提供了新思路和新方法。神经网络具有以下特点：

（1）采用非线性的映射，学习系统具有近似表示任意非线性函数及其逆的能力。

（2）通过离线和在线两种权值，对不确定系统进行自适应和自学习。

（3）大规模分布式动态处理系统允许快速处理并行分布处理结构。

（4）因为网络本身具有容错和连接性功能，所以需要提供健康的网络。

（5）信息被转换成网络中的表示，这种表示允许定性和定量信号的数据融合。

假定非线性系统可以用输入输出差分方程来描述。根据非线性系统的类型，有四种表现形式。

$$\text{系统 A}: y(k+1)=\sum_{i=o}^{n=1}\alpha_i y(k-i)+g[u(k),\ u(k-1),\ \cdots u(k-m+1)] \tag{1-4}$$

$$\text{系统 B}: y(k+1)=f[y(k),\ y(k-1),\ \cdots,\ y(k-n+1)+\sum_{j=0}^{m-1}\beta_j u(k-j)] \tag{1-5}$$

① 刘延年，冯纯伯．神经网络的控制领域中的应用［J］．东南大学学报，1994（1）．

系统C：$y(k+1)=f[y(k), y(k-1), \cdots, y(k-n+1)]+g[u(k), u(k-1)\cdots, u(k-m+1)]$ (1-6)

系统D：

$y(k+1)=f[y(k), y(k-1), \cdots, y(k-n+1)]; u(k), u(k-1)\cdots, u(k-m+1)$ (1-7)

其中，$u(k)$ 和 $y(k)$ 系统在时间上代表了 k 的输入和输出；m 和 n 是输入和输出时间序列的时间顺序，$m \leqslant n$；α_i 和 β_j 为常数系数，$i=0, 1, \cdots, n-1, j=0, 1, \cdots, m-1$。$f$ 和 g 是一个非线性连续函数的微分系统，B，C，F：$R^n \longrightarrow R$，对系统D，f：$R^{n+m} \longrightarrow R$，而 g：$R^m \longrightarrow R$ 四个系统，他们是 $k+1$ 这一时刻根据输出 n 输出转矩。然而，它们在结构上是不一样的，系统A是线性的和过去的输出；系统B与过去的输入是线性的。对于过去的输入和输出，系统C是非线性的。这三个系统的共同特点是过去的输入和过去的输出是可分离的。系统D是最复杂的；过去的输入和过去的输出是不可分离的；$y(k+1)$ 是过去 n 输出和过去 m 输入的非线性函数。显然，系统D是非线性系统的一般形式。前三种系统可以看作是特殊情况，系统A和B可以看作C系统的特殊情况。

若系统是线性的，则它的输入、输出描述为：

$$y(k+1)=\sum_{i=o}^{n=1}\alpha_i y(k-i)+\sum_{j=0}^{m-1}\beta_j u(k-j) \tag{1-8}$$

方程（1-8）称为ARMA（Autoregressive Moving Average，线性系统模型）。在方程的四种表达（1-4）~（1-7）称为NARMA非线性系统模型。非线性动态系统的神经网络辨识，这里指的是模型的结构被认为是已知的系统是由一个非线性函数的神经网络模型代替 $f(.)$ 和 g（.），然后根据神经网络的输出系统辨识模型的非线性函数和调整映射的参数，在相同的网络。例如，对于模型C，我们使用两个神经网络代替非线性函数 $f(.)$ 和 g（.）获得以下辨识模型：

$$\begin{aligned}\hat{y}(k+1)=N^1&\left[\hat{y}(k), y(k-1), \cdots\hat{y}(k-n-1)\right]\\&+N^2[u(k), u(k-1), \cdots, u(k-m+1)]\end{aligned} \tag{1-9}$$

$$\begin{aligned}\hat{y}(k+1)=N^1&\left[y(k), y(k-1), \cdots y(k-n-1)\right]\\&+N^2[u(k), u(k-1), \cdots, u(k-m+1)]\end{aligned} \tag{1-10}$$

识别的目的是解决网络参数，使 N^1 的映射与 $f(.)$ 的映射相同，N^2 的映射与 g（.）的映射相同。调整网络参数的方法是基于不同的网络结构，使用不同的学习算法。

两种辨识模型如图1-8所示。

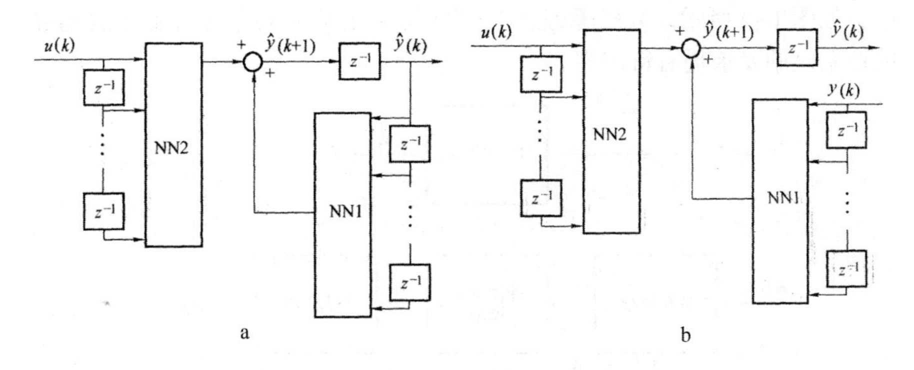

（a）并联型　　（b）串-并联型

图 1-8　系统辨识的两种模型

因此，在一般情况下使用识别模型。针对工业过程中常用的神经网络模型结构的 BP 网①、MIP 网、Elman 网②、RBF 网③、CMAC 网④等。

（二）基于神经网络的控制系统

神经网络的控制系统数量非常大，根据国内外专业人员的研究现状，以下几种主要的控制系统介绍。

1. 监控系统

神经网络可以通过训练神经网络来近似从人类感知到人类决策输出的响应来完成这一任务，从而获得能够代替人类的神经网络控制器。

2. 内模控制系统⑤

内模控制以其较强的鲁棒性和易于进行稳定性分析的特点，在过程控制中获得了广泛应用。该系统将被控对象的神经网络模型与被控对象并联，将其逆动态神经网络模型（作为非线性控制器）串联在它们的前面，在逆动态模型之前还串联了一个线性滤波器，并将被控对象与其前向动态神经网络模型的输出之差作为负反馈信号，反馈到这个控制系统的输入

① 许伯强，李和明．基于参数辨识的异步电动机温度在线监测方法［J］．华北电力大学学报，2002（29）．

② 丁建勇，陈允平．基于 ELMAN 神经网络的内模控制机器应用［J］．热能动力工程，2000（26）．

③ 刘志远，吕剑虹．基于 RBF 神经网络的单元机组负荷系统建模研究［J］．控制与决策，2003（18）．

④ 吴志雄，袁镇福．CMAC 逆模型用于电站负荷协调控制的研究［J］．动力工程，2004（1）．

⑤ 李益国，沈炯．火车单元机组负荷模糊内模控制及其仿真研究［J］．中国电机工程学报，2002（4）．

端，如图 1-9 所示。线性系统的控制结构要求被控对象开环镇定，对非线性系统的要求仍有待研究。

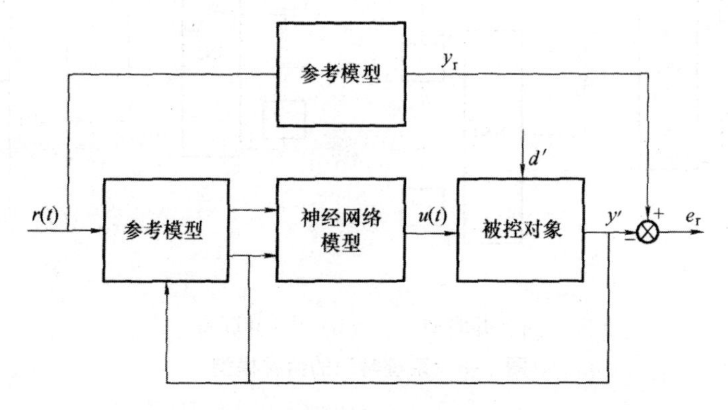

图 1-9　模型参考自适应控制系统

3. 模型参考自适应控制系统

如图 1-9 所示，控制系统试图将对象的输出逐步移动到参考模型，其中它们之间的差异被用于训练神经网络控制器。

（三）神经网络 PID 控制器

“鉴于 PID 控制的广泛应用，利用神经网络对 PID 控制器进行改进或将神经网络的思想引入 PID 控制器是一种具有较高实用性的思路。”①

误差的微分和积分处理加错误后本身由三个输入信号输入到神经网络，通过对网络权重自学习调整，使三个输入权值根据误差调整，这相当于调整 PID 控制器的 P 、T_i 、T_D ，如图 1-10 所示。

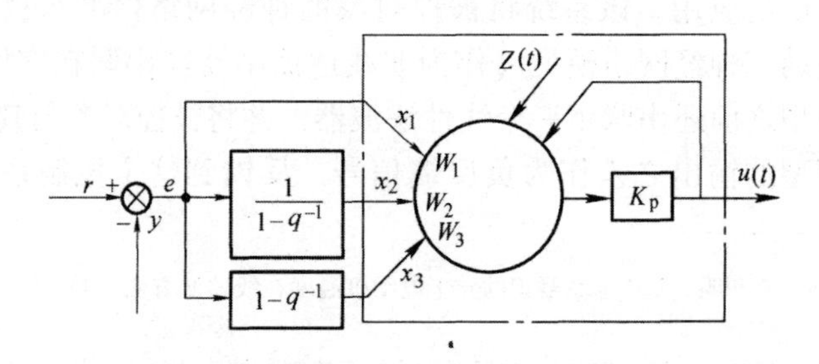

图 1-10　基本的神经网络 PID 控制器模型

在图 1-10 中，Y 为输出控制过程；参考输入 R 控制系统；在网格线、

① 陈彦桥，王印松，刘吉臻．基于 PID 型模糊神经网络的火车站电站单元机组协调控制［J］．动力工程，2003（1）．

单神经元自适应模型，包括 X_1、X_2、X_3 三个输入神经元；W_1、W_2、W_3 是相应的三个输入状态的权重系数；$Z(t)$ 是一个测量信号。通常被视为 $|e(t)|$ 或 $|y(t)-y(t-1)|$；神经元的比例系数。

二、神经网络在故障诊断领域的应用

（一）故障诊断技术

1. 基于系统输入、输出的直接测量和信号处理的方法

①直接根据测量信号的方法。如变压器的溶解气体分析、旋转机械的振动分析、电气设备温度的红外线分析等。

②基于信号分析的方法。系统或设备的输出在幅值、相位和频率及相关性上与故障类型存在一定的联系，如设备振动信号的频谱分析。

2. 基于数学模型的方法

从数学模型角度看，设备性能退化甚至发生故障均表现为模型参数的变化。

数学模型就是系统特定行为的数学描述，采用数学模型的故障诊断方法称为基于解析模型的诊断方法，这是通过将被诊断对象的可测信息和由模型表达的系统先验信息进行比较，从而产生残差，并对残差进行分析与处理而实现的故障诊断技术。基于解析模型的故障诊断方法是在 20 世纪六七十年代发展起来的故障诊断技术。在系统模型能够精确建立的情况下，该方法是最为直接的一种故障诊断方法。

由于设备运行状态的复杂性，很难建立能够准确描述设备不同运行状态的解析模型，因而这种基于数学模型的故障诊断方法目前的应用并不是很广泛。

3. 基于人工智能的方法

基于模式识别的方法主要包括以下步骤。

提取特征向量：通过测量和一定的信息处理技术提取反映故障的特征描述。

模式识别：根据特征向量，识别目前设备属于哪一种故障状态。

基于人工智能方法诊断的精确性取决于有关故障的先验知识，对未知故障的识别无能为力。

（二）基于神经网络的故障诊断方法

神经网络具有很强的非线性映射功能。近些年来，随着神经网络在系统辨识和模式识别中的理论和应用的发展，神经网络在故障诊断中得到了

广泛的应用。主要有两种方法。

1. 利用其系统辨识能力

利用神经网络的非线性系统模型，根据神经网络模型的输出偏差与实际过程参数（残差）、进行故障诊断方法和基于相似思想的数学模型。由于神经网络建模能力强，难以建立复杂系统的数学模型，因而近年来使用颇为广泛。

2. 利用其模式分类能力

通过对状态参数的测量及处理，利用神经网络实现从输入空间到故障空间的映射，以实现故障诊断。神经网络只需要训练数据，就可以将复杂的多种模式正确地识别，用到故障诊断中特别有优势。因而在近年来的研究成果中，本方法是应用最为广泛的基于神经网络的故障诊断方法。

第二章　神经网络控制的发展研究

神经网络有两种：一种是生物神经网络，另一种是人工神经网络。生物脑、神经元、细胞、联系等的网络，用来产生生物意识，帮助生物体思考和行动。

人工神经网络（Artificial Neural Network，ANN）也简称为神经网络（NN）或称作连接模型（Connection Model）。它是一种模仿动物神经网络行为特征，进行分布式并行信息处理的算法数学模型。这种网络依靠系统的复杂程度，通过调整内部大量节点之间相互连接的关系，从而达到处理信息的目的。

第一节　控制理论的发展

一、控制理论发展中面临的挑战

控制理论与相对论和量子论一起被认为是20世纪科学发展的三大飞跃，它是社会发展的需要，产生了一个新的课题，在实践中发展解决重大工程技术问题和军事问题中，它同时受现有技术与人类社会知识水平的限制。经过几十年的发展，控制理论的应用和影响已经渗透到社会生活的各个方面，使人类大大突破自身能力的极限。在当今社会，可以说没有控制系统，就没有生产制造，就没有宇宙飞船，甚至现代化的家用电器——简言之，就没有技术。控制系统是为了使机器能够及时地观察到目标，系统一般需要反馈来调节行为和修改性能，因此可以说反馈思想是控制理论的基石。①

应用需求是推动学科进步的最有效的手段。为了解决上述问题，同时

① 董宁．基于神经网络的球杆控制系统的设计［D］．东北大学，2010.

要满足对象的加工要求，要完成更复杂的设计，在不确定环境下对过程进行不确定性的控制，必须树立观念，建立新的模型，探索新的方法。

随着工程研究的不断深入，控制理论问题变得越来越复杂，主要的控制对象和控制任务和控制目标变得越来越复杂，难以建立系统的数学模型，因此智能控制具有很大的优越性。通过对人脑思维方式的研究，我们发现人们具有概括、抽象、自学习、自我回答的能力。例如，人们骑自行车时，要用机械模型来描述这种行为是极其困难的，但实际上我们不必分析车辆的积分方程和平衡条件，只要从反复摔倒继续爬上训练就可以学会骑车。智能控制是控制理论模型的特征更接近人类的思维方式，它是基于知识和信息的学习和推理，对指导复杂的求解过程，采用启发式方法指导求解过程。它是一种具有复杂性、不确定性和模糊性的非传统数学公式，一般没有已知的算法。①

自 1965 年美国加州大学自动控制专家 L. A. zadeh 创立模糊集合理论以来，模糊理论的研究取得了许多重要的成果；特别是 1974 年英国的 Mamdani 首次用模糊逻辑及模糊推理成功地实现了对蒸汽机的自动控制，宣告了模糊控制历史的开始。自此，模糊逻辑控制的研究和应用得到了极大的发展，并逐渐成为智能控制的一个重要分支。

二、神经网络的发展

1943 年，心理学家 Mc Culloch 和数学家 Pitts 首先提出了神经网络模型（MP）②，它开启了神经科学研究的时代。1949 年，心理学家 Hebb 基于神经细胞和大脑中的条件反射学习观察，提出比比规则③改变神经元的连接强度，在神经网络模型中起着重要的作用。

智能人工顺序离散符号推理由于神经网络模式和当时主导的基本特征（AI）有很大的不同，引起了许多人的兴趣，也引起了学术界的极大争议。70 年代末，人工智能专家进行视觉和听觉的模拟研究，发现虽然计算机在计算宏大的和复杂的方面计算强度出现很大的力量，但它是很难学到普通人的知识和经历。此外，工程实践中遇到的问题也越来越复杂，如知识爆炸、信息模糊、非线性计算等。

1982 年，加州理工大学的一位物理学家——Hopfielid，提出了一种新的神经网络模型和神经网络的研究并取得了突破性的进展。通过引入能量函数的概念，给出了网络的稳定性判据。神经电路的实现是神经计算机的

---

① 费仙风．神经模糊技术的研究与应用［D］．贵州大学，2003.

② 赵芝璞．基于 FPGA 无刷直流电机神经网络控制器设计［D］．江南大学，2006.

③ 常正波．基于可拓的分类神经网络研究及其应用［D］．大连海事大学，2005.

研究的新方法。这也是开辟神经网络联想记忆和优化计算的新途径，引起了工程界的广泛关注，掀起了又一个神经网络浪潮。

在中国的神经网络的研究起步比较晚，开始于80年代后期，一些基本的工作已在进行中的应用领域。随着国际神经网络的兴起，研究工作备受关注。

第二节　神经网络控制的基本原理

研究结果表明：脑组织的基本单元有神经系统的结构和功能单位，神经生理学和神经解剖学的神经元（神经细胞）。神经元是人脑信息处理系统的最小单元，大脑处理信息的结果是由各神经元状态的整体效果确定的。在生物神经网络中，每个神经元接收到的多个激励信号表现出兴奋或抑制的状态，神经元间的连接强度根据外界激励信息自适应变化。

一、生物神经网络

（一）生物神经元的结构

神经元的形态不同，但在功能上有一定的差异。但是在结构上，所有的神经元都是常见的。图2-1显示了典型神经元的基本结构，由细胞体、树突和轴突组成。

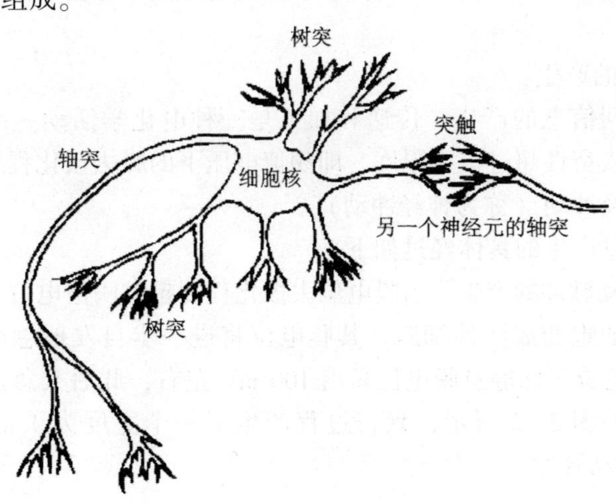

图2-1　生物神经元简化示意图

1. 细胞体

细胞体由细胞核、细胞质和细胞膜组成。细胞核占据细胞体的大部分，并进行许多生化过程，如呼吸和新陈代谢。细胞质是新陈代谢的主要场所。细胞膜是阻止细胞外物质进入细胞并保证细胞内环境相对稳定的屏障。同时由于细胞膜对不同离子具有不同的通透性，膜内外存在着的离子浓度差使得细胞能够与周围环境发生物质和能量的交换，完成特定的生理功能。

2. 树突

细胞体向外延伸出许多突起，大多数短簇在细胞体附近形成灌木丛，称为树突。神经元作用于树木的投影，接收来自其他神经元的信号。

3. 轴突

细胞体中最长的过程之一叫轴突，它用来传递细胞体产生的电化学信号。轴突也叫神经纤维，末端有一个细树枝，叫作轴突末梢或神经末梢。它能向各个方向发送神经信号。

（二）生物神经元的信息处理机理

细胞膜内外离子浓度差造成膜内外的电位差，称为膜电位。当神经元在无神经信号输入时，膜电位为70mV被称为静息电位。此时，细胞膜的状态称为极化，神经元处于静息状态。当神经元受到外界刺激时，神经元兴奋，膜电位由静息电位转移到正位，如果膜电位从静息电位负移，称为超极化，神经处于抑制。去极化和神经元细胞膜超极化反映神经元的兴奋和抑制的强度。在一个特定的时间，神经元总是处于静止、兴奋和抑制的三种状态。

1. 信息的产生

神经元间信息的产生、传递和加工是一种电化学活动。在外界刺激下，神经元兴奋性超过一定限度，即阈值电压下的膜去极化程度，输出神经元兴奋神经冲动（称为神经冲动）。

神经信息产生的具体经过如下：

（1）冲动脉冲的产生。当膜电位去极化程度超过阈值电位（-55 mV）时，该抑制细胞变成活性细胞，其膜电位将进一步自发地急速升高。在1 ms内，膜电位将比静息膜电位高出100 mV左右，此后又急速下降，回到静息值。如图2-2所示，兴奋过程产生了一个宽度为1 ms、振幅为100 mV的冲动脉冲。

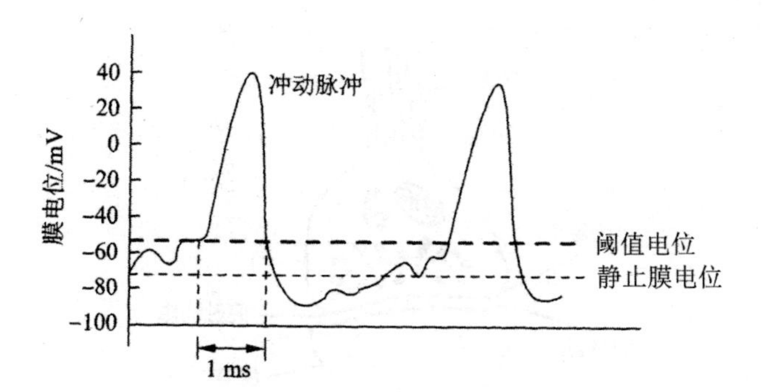

图 2-2　膜电位变化

（2）不应期。当细胞体产生冲动脉冲，回到静息状态后的数毫秒内，即使受到很强的刺激，也不会立刻产生兴奋。这段时间称为不应期。

（3）冲动脉冲的再次产生。不应期结束后，若细胞受到刺激使得膜电位超过阈值电位，则可再次产生兴奋性电脉冲。

神经信息产生的特点如下：

（1）神经元产生的信息是具有电脉冲形式的神经冲动；

（2）各脉冲的宽度和幅度相同，而脉冲的间隔是随机变化的；

（3）某神经元的输入脉冲密度越大，其兴奋程度越高，在单位时间内产生的脉冲串的平均频率也就越高。

2. 信息的传递与接收

神经元的每一个神经末梢都能与其他神经元形成功能联系，它的联系点叫作突触，它相当于神经元之间的输入、输出接口。功能性接触并不一定是永久性接触，它可根据神经元之间信息传递的需要而形成，因此神经网络具有很好的可塑性。①

每个神经元有 $10^3 \sim 10^5$ 突触，突触是神经元之间形成，突触的结构如图 2-3 所示。

对于生物神经元，输入信号的树突，突触是输入、输出接口，细胞体相当于一个微处理器，它是集成各种输入信号，并在一定条件下触发，产生输出信号。输出信号沿着轴突传递到神经末梢，并通过突触传递到其他神经元的树突。

① 陈雯柏．人工神经网络原理与实践［M］．西安：西安电子科技大学出版社，2015，第 14 页．

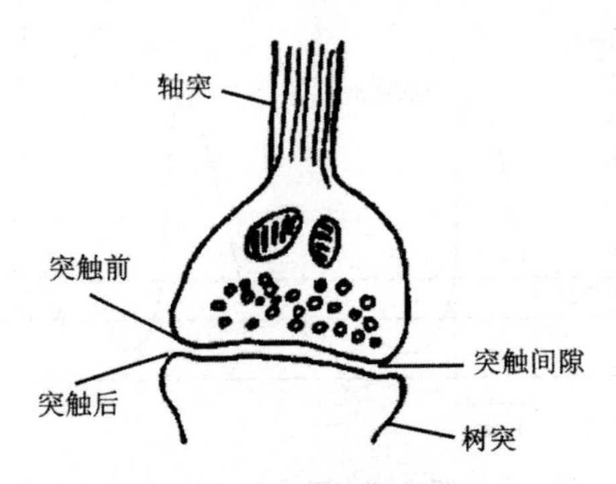

图 2-3　突触结构示意图

（1）信息传递的过程

神经脉冲信号的传递是通过神经递质来实现的。当前一个神经元发放脉冲并传到其轴突末端后，由于电脉冲的刺激，这种化学物质从突触前膜释放出，经突触间隙的液体扩散并在突触后膜与特殊受体相结合。这就改变了后膜的离子通透性，使膜电位发生变化，产生电生理反应。

显然，这种传递过程是需要时间的。神经递质从脉冲信号到达突触前膜再到突触后膜电位发生变化，有 0.2～1 ms 的时间延迟，称为突触延迟。这段延迟是化学递质分泌、向突触间隙扩散、到达突触后膜并在那里发生作用的时间总和。

（2）信息传递的极性

受体的性质决定了信息传递的极性是兴奋的还是抑制的。兴奋性突触的后膜电位随递质与受体结合数量的增加而向正电位方向变化（去极化）；抑制性突触的后膜电位随递质与受体结合数量的增加向负电位方向变化（超极化）。

当突触前膜释放兴奋性神经递质时，突触后膜的去极化电位超过阈值电位，后神经元具有神经冲动输出。这样，前神经元的信息传递给后一个神经元，其具体过程如图 2-4 所示。

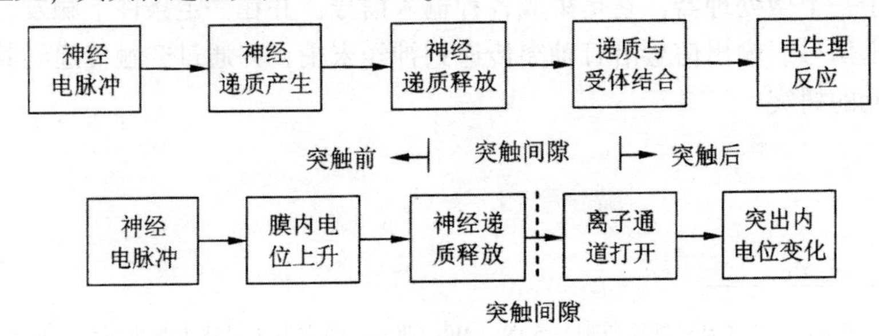

图 2-4　突触信息传递过程

(3) 信息的整合

单个神经元可以与成千上万的其他神经元的轴突末梢形成突触连接，并从每个轴突接收脉冲。不同性质的外界刺激将改变神经元之间的突触联系（膜电位变化的方向与大小）。从突触信息传递角度看，突触联系表现为放大倍数（突触连接强度）和极性的变化。各神经元间的突触连接强度和极性的调整可归纳为空间整合与时间整合，这使得人脑具有存储信息和学习的功能。

①空间整合

同时，各种刺激引起的膜电位变化与单次刺激引起的膜电位变化大致相同。这个求和叫作空间积分。

②时间整合

每个输入脉冲的到达时间不同，脉冲引起的突触后膜电位也会在一定时间内产生持续效应。这种现象称为时间整合。

(三) 生物神经网络的结构

生物神经网络是一种更为复杂、智能化的生物信息处理系统，它由多个以一定方式连接的生物神经元和拓扑结构组成。

脑科学研究表明，人的大脑皮层中包含有数百亿个神经元，皮层平均厚度为2.5 mm。每个神经元又与数千个其他神经元相连接。虽然神经元之间的连接极其复杂，但是很有规律。

大脑皮层又分为旧脑皮层和新脑皮层两部分，人类的大脑皮层几乎都是新脑皮层，而旧脑皮层被包到新脑皮层内部。新皮层根据神经元的形态由外向内可分为分子层、外颗粒层、锥体细胞层、内颗粒层、神经节细胞层、梭形或多形细胞层六层。其中各个层的神经细胞类型及传导神经纤维是不同的，但同一层内神经细胞的类型相似，并有彼此相互间的作用。

在空间上，大脑皮层可以划分为不同的区域。不同区域的结构与功能有所不同。从功能上大脑皮层可以分为感觉皮层、联络皮层和运动皮层三大部分。感觉皮层与运动皮层的功能由字面容易理解，而联络皮层则是完成信息的综合、设计、推理等功能。

(四) 生物神经网络的信息处理

在此以视觉为例说明生物神经网络的信息处理过程。人的视觉过程是：首先物体在视网膜上成像；然后视网膜发出神经脉冲并经视神经传递到大脑皮层形成。

如图2-5所示，视网膜神经细胞分为三个层次。外界光线进入眼球后，最外层视网膜的锥体细胞和杆体细胞将光信号转化为神经反应电信号，然后进入第二层的双极细胞等。第三层的神经节细胞与双极细胞连接，负责传递神经反应电位。

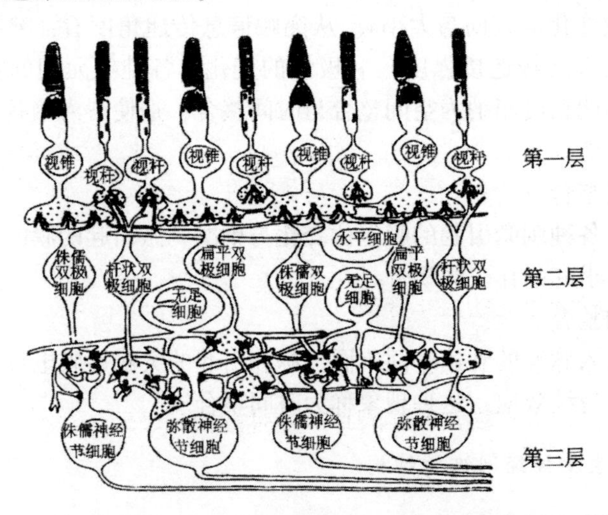

图 2–5　视网膜神经细胞的分层结构

如图 2-6 所示，视觉系统的信息处理是分层的。从视网膜的边缘特征提取，通过低水平的 V1 区域，到眼前的目标形状或局部 V2 区，再到整个目标的顶端（如判断为人脸），以及较高的 PFC（前额叶皮层）来确定分类等。

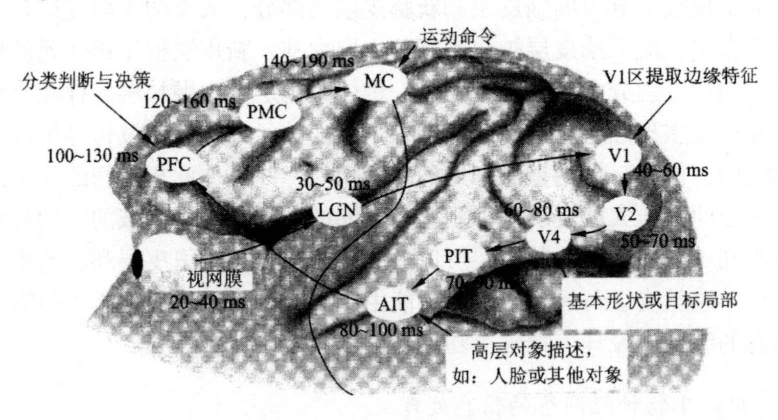

图 2–6　视觉处理系统

上述过程可见，生物神经网络的信息处理的一般特征有以下几点：

（1）众多神经细胞同时工作。神经元之间的突触彼此之间联系是不同的，可塑性强，这使得神经网络在宏观上表现出复杂的信息处理能力。

生物神经网络的功能不是单个神经元信息处理功能的简单叠加。同样的机能是在大脑皮层的不同区域串行和并行地进行处理的。

（2）分布处理。机能的特殊组成部分是在许许多多特殊的地点进行处理的。但这并不意味着各区域之间相互孤立无关。事实上，整个大脑皮层以致整个神经系统都是与某一机能有关系的，只是一定区域与某一机能具有更为密切的关系。

（3）多数神经细胞是以层次结构的形式组织起来的。不同层之间的神经细胞以多种方式相互连接，同层内的神经细胞也存在相互作用。另一方面，不同功能区的层次组织结构存在差别。

二、人工神经元的数学建模

人工神经网络是基于生物神经元网络机制提出的一种计算结构，是生物神经网络的某种模拟、简化和抽象。神经元是这一网络的“节点”，即“处理单元”。

（一）M-P 模型

1. M-P 模型建立的假设条件

M-P 模型的建立基于以下几点抽象与简化：

（1）每个神经元是一个多输入单输出信息处理单元；

（2）神经元输入分为兴奋性输入和抑制性输入两种类型；

（3）神经元具有空间整合和阈值特性。

2. M-P 模型的信息处理

如图 2-7 所示，M-P 模型结构是一个多输入、单输出的非线性元件。其 I/O 关系可推述为

$$I_j = \sum_{i=1}^{n} w_{ij}x_i - \theta$$

$$y_i = f(I_j)$$

式中，x_i 是从其他神经元传来的输入信号；w_{ij} 表示从神经元 i 到神经元 j 的连接权值；θ 为阈值；$f(.)$ 称为激励函数或转移函数；y_i 表示神经元 j 的输出信号。

作为一种最基本的神经元数学模型，M-P 模型包括了加权、求和与激励（转移）三部分功能。

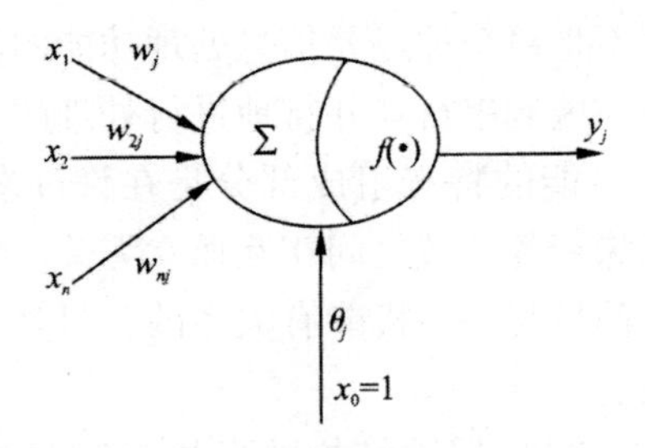

图 2-7　人工神经元结构

（1）加权

输入信号向量 x_i（$i=1, 2, \cdots, n$），同时输入神经元 j 模拟了生物神经元的许多激励输入，对于 M-P 模型而言，x_i 取值均为 0 或 1。加权系数 c_i 模拟了生物神经元具有不同的突触性质和突触强度，正、负模拟生物神经元突触的兴奋和抑制，其大小代表不同突触连接的强度。

（2）求和

$\sum_{i=1}^{n} w_{ij}x$ 相应于生物神经元的膜电位，实现了对全部输入信号的空间整合（这里忽略了时间整合作用）。神经元的激活与否取决于阈值水平，即当输入的总和超过阈值时，神经元被激活，脉冲被释放，否则神经元就不会产生输出信号。θ_i 实现了阈值电平的模拟。

（3）激励（转移）

激励函数 $f(.)$ 表征了输出与输入之间的对应关系，一般而言这种函数都是非线性的。对于 M-P 模型而言，神经元只有兴奋和抑制两种状态，神经元信号输出只有 0，1 两种状态。因此激励函数 $f(.)$ 应为单向阈值型函数（阶跃函数，如图 2-8 所示）。

3. M-P 模型的改进

当考虑突触时延特性时，可对标准 M-P 模型进行改进：

$$
\begin{aligned}
y_i &= f(I_j) \\
&= f\left(\sum_{i=1}^{n} w_{ij}x_i(t-\tau_{ij}(-\theta_j)\right) \\
&= \begin{cases} 0, & \text{当 } w_{ij}x_i(t-\tau_{ij}) - \theta_j \leqslant 0 \\ 1, & \text{当 } w_{ij}x_i(t-\tau_{ij}) - \theta_j > 0 \end{cases}
\end{aligned}
$$

其中，τ_{ij} 表示相当于 t 时刻的突触时延。延时 M-P 模型考虑了突触时延特性，所有神经元具有相同的、恒定的工作节律，工作节律取决于突触时延 τ_{ij}。神经元突触的时延 w_{ij} 为常数，权系数也为常数，即

$$w_{ij}=\begin{cases}0, & \text{为抑制性输入时} \\ 1, & \text{为兴奋性输入时}\end{cases}$$

上述模型称为延时 M-P 模型。延时 M-P 模型仍没考虑生物神经元的时间整合作用和突触传递的不应期，M-P 模型的进一步改进可从这两方面进行考虑，同时也可考虑权系数 W_{ij} 在 0~1 范围内连续可变。

虽然 M-P 模型无 S 实现生物神经元的空间、时间的交叉叠加性，但它在人工神经网络研究中具有基础性的地位与作用。

（二）常用的神经元数学模型

其他的一些神经元的数学模型主要区别在于采用了不同的激励函数，常用的激励函数有阈值型函数、分段线性函数和 Sigmoid 型函数等。

1. 阈值型函数

$$f(x)\begin{cases}1, & \text{若 } x \geqslant 0 \\ 0, & \text{若 } x < 0\end{cases}$$

阈值函数通常也称为硬极限函数。单极性阈值函数如图 2-8（a）所示，M-P 模型便是采用的这种激励函数。此外，符号函数 sgn（x）也常作为神经元的激励函数，称作双极性阈值函数，如图 2-8（b）所示。

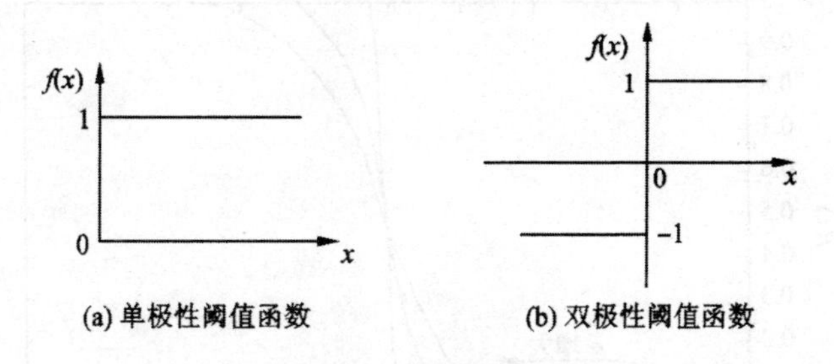

图 2-8　阈值函数

2. 分段线性函数

$$f(x)\begin{cases}1, & x \geqslant +1 \\ x, & +1 > x > -1 \\ -1, & x \leqslant -1\end{cases},$$

如图 2-9 所示，该函数在［-1，+1］线性区内的斜率是一致的。

3. Sigmoid 型函数

$$f(x)=\frac{1}{1+c^{-ax}},\ a>0$$

其中，a 为 Sigmoid 函数的斜率参数，通过改变参数 a，会获取不同斜率的 Sigmoid 型函数，其变化趋势如图 2-10（a）所示。

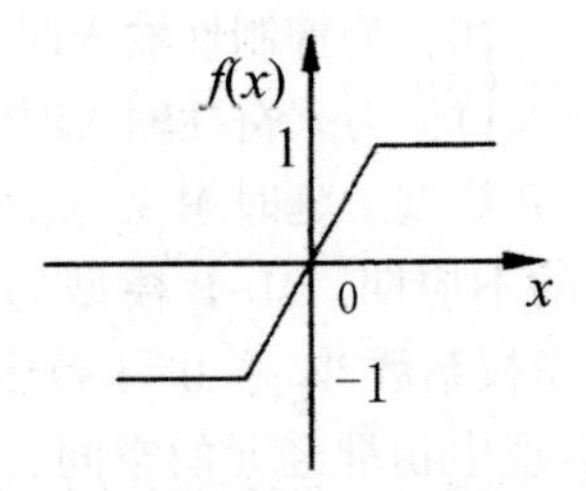

图 2-9　分段线性函数

由图 2-10 可见：

（1）Sigmoid 函数是可微的；

（2）图 2-10 中 Sigmoid 函数值均大于 0，称为单极性 Sigmoid 函数，或非对称 Sigmoid 函数。

（3）双极性 Sigmoid 函数，如图 2-10（b）所示。也称为双曲正切函数或对称 Sigmoid 函数，其表达式为

$$f(x)=\frac{1-e^{-ax}}{1+e^{-ax}}$$

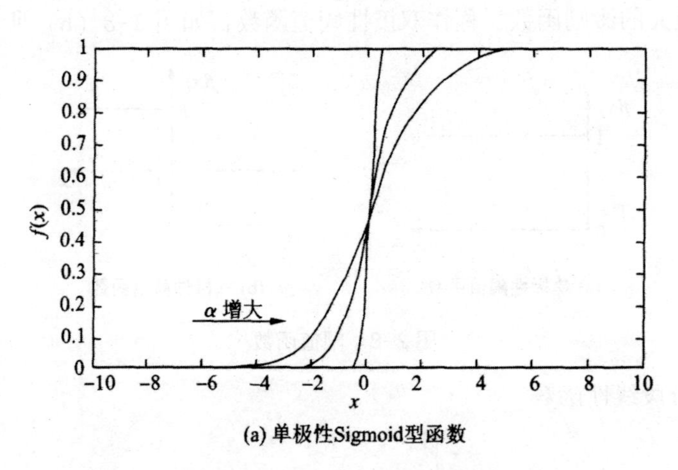

(a) 单极性Sigmoid型函数

图 2-10　Sigmoid 型函数

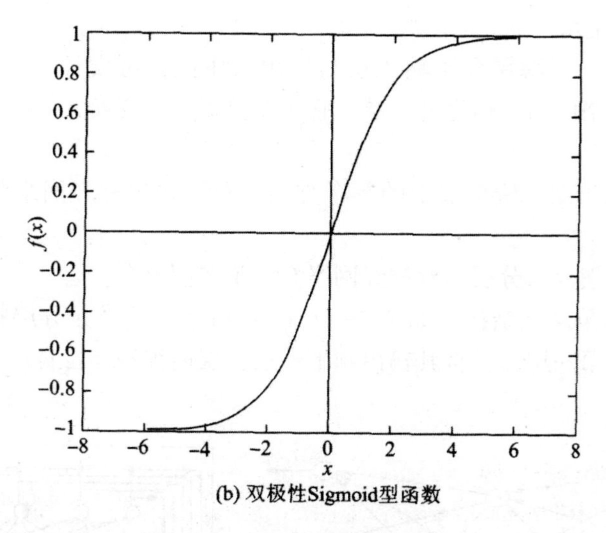

图 2-10　Sigmoid 型函数（续）

4. 概率型函数

概率型函数的输入与输出之间的关系是不确定的。概率型神经元模型的输入、输出信号采用 0 与 1 的二值离散信息，它用一个随机函数来描述其输出状态为 1 或 0 的概率。设神经元的输入总和为 x，则输出信号为 y 的概率分布律为式中，T 称为温度参数。这种神经元模型输入、输出信号采用 0 与 1 的二值离散信息，它是把神经元的动作以概率状态变化的规律模型化。

三、人工神经网络的结构建模

根据网络互连的拓扑结构和网络内部的信息流向，可以对人工神经网络的模型进行分类。

（一）网络拓扑类型

神经网络的拓扑结构主要指它的连接方式。将神经元抽象为一个节点，神经网络则是节点间的有向连接，根据连接方式的不同大体可分为层状和网状两大类。

1. 层状结构

如图 2-11 所示，层状结构的神经网络可分为输入层、隐层与输出层。各层顺序相连，信号单向传递。

（1）输入层。输入层各神经元接收外界输入信息，并传递给中间层

(隐层) 神经元。

(2) 隐层。隐层介于输入层与输出层中间，可设计为一层或多层。作为神经网络的内部信息处理层，它主要负责信息变换并传递到输出层各神经元。

(3) 输出层。输出层中的每个神经元负责输出神经网络的信息处理结果。

进一步细分，分层结构神经网络有三个典型组合：

(1) 简单层状结构。如图 2-11 (a) 所示、神经元分层排列，每层接收输入的第一层，并将其输出到下一层，层内神经元自身以及神经元之间没有连接。

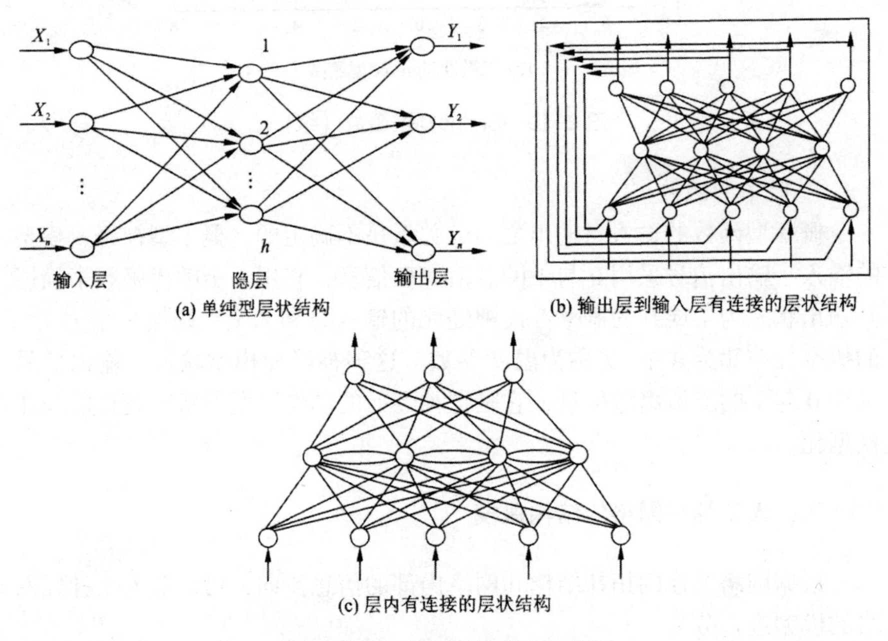

(a) 单纯型层状结构

(b) 输出层到输入层有连接的层状结构

(c) 层内有连接的层状结构

图 2-11 层次型网络结构示意图

(2) 输出层到输入层有连接的层状结构。如图 2-11 (b) 所示，输出层有信号反馈到输入层。因此输入层既可接收输入，也能进行信息处理。

(3) 层内互连的层状结构。如图 2-11 (c) 所示，隐层神经元存在互连现象，因此具有侧向作用，通过控制周边激活神经元的个数，可实现神经元的自组织。

2. 网状结构

网状结构神经网络的任何两个神经元之间都可能双向连接。如图 2-12

所示，根据节点互连程度进一步细分，网状结构神经网络有三种典型的结合方式。

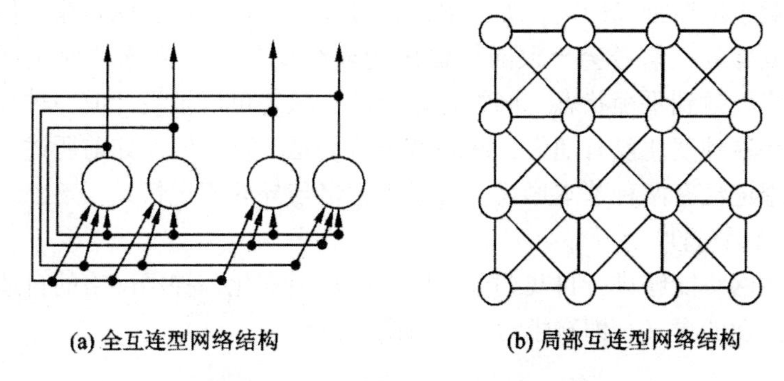

(a) 全互连型网络结构　　(b) 局部互连型网络结构

图 2-12　网状结构神经网络示意图

（二）网络信息流向类型

1. 前馈型网络

前馈网络的信息处理方向是：输出层输入层逐层转发，一层输出为下一层输入，无反馈环。前馈网络可以很容易地串联来建立多层前馈网络，其结构如图 2-11（a）所示。

2. 反馈型网络

反馈型网络存在信号从输出到输入的反向传播。如图 2-11（b）所示，输出层到输入层有连接，存在信号的反向传播。这意味着反馈网络中的所有节点都具有信息处理功能，每个节点都可以从外部接收输入并输出到外部，如图 2-12（a）所示。

（三）人工神经网络结构模型的特点

1. 分布性

神经网络通过大量神经元之间的连接及对各连接权值的分布来表示特定的信息；神经网络存储信息不是存储在一个地方，而是分布在不同的地方；网络的某一部分也不只存储一个信息，它的信息是分布式存储的。

2. 并行性

神经网络的每一个神经元都可以根据接收到的信息进行独立的计算和处理，然后将输出结果传送给其他神经元进行同时（并行）处理。

3. 联想记忆性

由于分布式存储信息、并行计算和容错等特点，神经网络具有将外部刺激信息与输入模型相关联的能力。对于前馈神经网络，其通过样本信号反复训练，网络的权值将逐次修改并得以保留。

神经网络便有了记忆，对于不同的输入信号，网络将分别给出相应的输出。对于反馈神经网络，如果输出信号反馈给输入端，原始输入信号逐渐增强或修复，信号会导致网络输出的连续变化。如果这种变化逐渐减小，最终收敛到平衡状态。网络是稳定的，状态可以被设计成一种存储状态。如果这种变化没有消失，网络就被认为是不稳定的。如前所述，神经网络联想记忆有两种基本形式：自联想记忆与异联想记忆。

4. 自适应性

神经网络能够进行自我调节，以适应环境变化。神经网络的自适应性包含三方面的含义，即自学习、自组织、泛化。

第三节　神经网络控制技术基础

一、神经网络控制模型

（一）处理环节的输入

该处理单元相当于一个加权加法器，用于完成神经元输入信号的空间合成功能①，即：

$$v_i(t) = \sum_{j=1}^{n} a_{ij} y_j(t) + \sum_{k=1}^{m} b_{ik} u_k v_k(t) + w_i$$

（二）状态处理环节

给定时间的输入信号之和决定神经元输出的大小，相当于一个输入输出关系为输入、输出的线性动态系统：

$$X_i(s) = H_i(s) V_i(s)$$

其时域描述形式为

$$x_i(t) = \int_{-\infty}^{t} h(t-\tau) v_i(\tau)\, \mathrm{d}\tau$$

其中，$H(s)$ 和 $h(t)$ 是拉氏变换对。一般地，$H(s)$ 的形式为：

$$H(s) = 1/(a_0 s + a_1)$$

① 何玉彬．神经网络控制技术及其应用［M］．科学出版社，2000，第18页．

a_0, a_1的取值决定了由该神经元所构成的网络性质。

（三）输出处理环节

输出处理实际上是一个非线性激活函数。

$$y_i(t) = \sigma(x_i)$$

一般来说，它需要满足单调的、递增的、连续的，通常是非线性的函数形式：

（a）硬限幅函数

$$\sigma(x) = \begin{cases} 0, & x \leqslant 0 \\ 1, & x > 0 \end{cases}$$

（b）线性限幅函数

$$\sigma(x) = \begin{cases} 0, & x < 0 \\ x, & 0 \leqslant x < \beta \\ 1, & x \geqslant \beta \end{cases}$$

（c）Sigmoid 函数

$$\sigma(x) = \frac{1}{1 + e^{-x}}$$

（d）对称型 Sigmoid 函数

$$\sigma(x) = \frac{1 - e^{-x}}{1 + e^{-x}}$$

二、神经网络模型及其学习算法

（一）MFNN 模型与 BP 算法

多层前馈网络由输入层、输出层和至少一个隐含层，每层有两个相邻的神经元之间的一个或多个神经元通过调节权重连接，每个神经元无反馈。信息从输入层转移到隐藏层，直到输出层。每个神经元将输入的全部或部分组合在加权和上，根据非线性激活函数的形状产生相应的输出。网络各层神经元的输入输出映射关系可以描述为“OFF”：

$$\begin{cases} y_i^l = \sigma(x_i^l) \\ x_i^l = \sum w_{ij}^l y_j^{l-1} + \theta_i^l \end{cases} \quad (l=1, 2, \cdots, L) \tag{2-1}$$

上式也就是 MFNN 的信息前馈处理方程。

在理论研究和实际应用中，最常用的是具有线性输出的单层隐层网络。对于网络结构，上式模型式可以简化为：

$$y_i = \sum_{j=1}^{H} w_{ij}^2 \sigma\left(\sum_{k=1}^{N} w_{ij}^1 x_k + \theta_j^1\right) + \theta_i^2 \quad (i = 1, 2, \cdots, M) \qquad (2-2)$$

式中，M 为输出层节点数；H 为隐层节点数；N 为输入层节点数

如果采用矩阵形式表示，上式可表示为：

$$Y = W_{OH}^T \sigma(W_{HI}^T X + \theta_H) + \theta_O \qquad (2-3)$$

式中，W_{OH}，W_{HI} 分别是网络输出层到隐层和隐层到输入层的连接权值矩阵；θ_H，θ_O 分别为隐层和输出层神经元的阈值向量。

对（2-1）式所示的网络方程，HP 算法的计算公式为：

$$w_{ij}^l(k+1) = w_{ij}^l(k) - \eta \delta_i^l(l) \cdot \sigma'[x_i^l(k)] \cdot y_j^{l-1}(k) \qquad (2-4)$$

式中，η 为学习率；δ_i^l 为 l 层第 i 节点的反向传播误差信号。

$$\delta_i^{l-1}(k) = \sum_{j=1}^{N_l} \delta_j^l(k) \cdot \sigma'[x_j^l(k)] \cdot w_{ji}^l(k) \qquad (l = 2, \cdots, L) \quad (2-5)$$

对输出层

$$\delta_i^L(k) = y_i^L(k) - y_{di}^L(k) \qquad (2-6)$$

$$w_{ij}^l(k+1) = w_{ij}^l(k) - \eta \delta_i^l(k) \cdot \sigma'[x_i^l(k)] \cdot y_j^{l-1}(k) + a\left[w_{ij}^l(k) - w_{ij}^l(k-1)\right] \qquad (2-7)$$

式中，a 为动量因子，取值范围是 $a \in (0, 1)$。

（二）DRNN 模型与动态 BP 算法

动态递归网络又分为全反馈和部分反馈两种网络形式。比较简单的部分动态递归网络有 Elman 网络和 Jordan 网络，设 Elman 网络输出矢量为 $\boldsymbol{Y}(k) \in R^m$，输入为 $\boldsymbol{u}(k-1) \in R^r$，隐层单元输让矢量 $\boldsymbol{X}(k) \in R^n$，则网络的输入输出关系可描述为：

$$\boldsymbol{X}(k) = \boldsymbol{F}[W_{HC} X_c(k) + W_{HI} u(k-1)] \qquad (2-8)$$

$$\boldsymbol{X}_c(k) = \boldsymbol{X}(k-1) \qquad (2-9)$$

$$\boldsymbol{Y}(k) = \boldsymbol{G}[W_{OH} X(k)] \qquad (2-10)$$

F、G 是由隐层单元和输出单元激活函数组成的非线性矢量函数。当 F、G 进行线性映射时，可以得到如下线性状态空间表达式：

$$\boldsymbol{X}(k) = \boldsymbol{X}_{HC} X_c(k) + W_{HI} u(k-1)$$

$$\boldsymbol{X}_c(k) = \boldsymbol{X}(k-1)$$

$$\boldsymbol{Y}(k) = \boldsymbol{X}_{OH} \boldsymbol{X}(k)$$

这里隐层单元的个数就是状态变量的个数，即系统的阶次。

Elman 网络只能辩识一阶线性动态系统。为了克服这一缺，我们可以采用动态反向传播学习算法来训练 Elman 网络，权值调整规则可导出为：

$$\Delta w_{OH}^{ij} = \eta \delta_i^o x_j(k) \quad (i = 1,\ 2,\ \cdots,\ m;\ j = 1,\ 2,\ \cdots,\ n) \tag{2-11}$$

$$\Delta w_{HI}^{iq} = \eta \delta_i^h u_q(k-1) \quad (j = 1,\ 2,\ 5\cdots,\ n;\ q = 1,\ 2,\ \cdots,\ r) \tag{2-12}$$

$$\Delta w_{HC}^{il} = \eta \sum_{i=1}^{m} (\delta_i^o w_{OH}^{ij}) \frac{\partial x_j(k)}{\partial w_{HC}^{il}} (j = 1,\ 2,\ \cdots,\ n;\ l = 1,\ 2,\ \cdots,\ n) \tag{2-13}$$

其中

$$\frac{\partial x_j(k)}{\partial w_{HC}^{jl}} = [y_{di}(k) - y_i(k)] g'_i(\cdot)$$

$$\delta_i^o = [y_{di}(k) - y_i(k)] g'_i(\cdot)$$

$$\delta_j^h = \sum_{i=l}^{m} (\delta_i^o w_{OH}^{ij}) f'_j(\cdot)$$

当 $x_l(k-1)$ 与连接权 w_{HC}^{jl} 之间的依赖关系可以忽略时，由于

$$\frac{\partial x_j(k)}{\partial w_H^{jl} C} = f'_j(\cdot) x_c^l(k) = f'_j(\cdot) x_l(k-1)$$

上述算法就退化为如下的标准 BP 学习算法：

$$\Delta w_{OH}^{ij} = \eta \delta_i^o x_j(k) \quad (i = 1,\ 2,\ \cdots,\ m;\ j = 1,\ 2,\ \cdots,\ n)$$

$$\Delta w_{HI}^{jq} = \eta \delta_j^h u_q(k-1) \quad (j = 1,\ 2,\ \cdots,\ n;\ q = 1,\ 2,\ \cdots,\ r)$$

$$\Delta w_{HC}^{jl} = \eta \delta_j^h x_c^l(k) \quad (j = 1,\ 2,\ \cdots,\ n;\ j = 1,\ 2,\ \cdots,\ n)$$

三、增广 LPIDBP 学习算法

（一）LPIDBP 学习算法的推导

R. Vitthall 受 PID 调节器原理的启发，直接利用误差梯度函数的比例、积分、微分组合形成调节量，如（2-14）式，我们称之为 RPIDBP 算法。

$$\Delta W(k) = k_p G(k) + k_d \Delta G(k) + k_I \sum_{i=1}^{k} G(i) \tag{2 - 14}$$

式中，k_p、k_I、k_D 为比例、积分、微分系数；$G(k) = \dfrac{\partial E(k)}{\partial W(k)}$；$\Delta G(k) = G(k) - G(k-1)$ 为当前梯度变化量。当仅有比例项存在时，（2-14）式与即成为标准 BP 算法。

在神经网络梯度学习算法中，以梯度 $G(k)$ 为调节量，达到调整被调节旦从 $\Delta W(k)$ 的目的。受上述思想的启发，如果在其间增加比例、积分、微分组合作用的函数关系，则可能利用 PID 控制作用的原理，来

达到快速调节的目的。为此，我们提出增广 LPIDBP 学习算法。

设 PID 传递函数为：

$$D(s) = kp\left(1 + \frac{1}{T_i s}\right) + \frac{T_d s}{1 + \frac{T_d}{a}s} \tag{2-15}$$

其中 k_p 为比例增益；T_i 为积分增益；T_d 为微分常数；a 为消除高频干扰而引入滤波器的常数，取值范围为（3，10）。设 T 为采样时间，对上述方程取一阶近似离散化后有：

$$D(z) = k_p(1 + \frac{T}{T_i} \cdot \frac{1}{Z - 1} + a\frac{Z - 1}{1 + r_0}) \tag{2-16}$$

式中，$r_0 = \frac{aT - T_d}{T_d}$。

由 LPIDBP 算法原理可得：

$$\Delta W(z) = D(z)G(z) \tag{2-17}$$

为提高差分方程精度，对（2-15）式取双线性变换，即令

$$S = \frac{2}{T} \cdot \frac{z - 1}{z + 1} \tag{2-18}$$

将（2-18）式代入（2-15）式，得

$$\begin{aligned} D(z) &= k_p(1 + \frac{T}{2T_i} \cdot \frac{z + 1}{z - 1}) + \frac{2T'}{T} \cdot \frac{z - 1}{z + r} \\ &= k_1 + k_2\frac{z^{-1}}{1 - z^{-1}} - k_3\frac{z^{-1}}{1 + rz^{-1}} \end{aligned} \tag{2-19}$$

其中，$T'_d = T_d\frac{T}{T + 2T_{d/a}}$，$r = \frac{T - 2T_{d/a}}{T + 2T_{d/a}}$

$k_1 = k_p(1 + \frac{T}{2T_i}) + \frac{2T'_d}{T}$，$k_2 = \frac{T}{T_i}$，$k_3 = (1 + r)\frac{2T'd}{T}$。

将（2-19）式代入（2-17）式，可得 LPIDBP 学习算法的规则为

$$\begin{aligned} \Delta W(k) &= (1 - r)\Delta W(k - 1) + r\Delta W(k - 2) + k_1 G(k) + (k_1(r - 1) \\ &+ k_2 - k_3)G(k - 1) + (k_3 + k_2 r - k_1 r)G(k - 2) \\ &= \alpha\Delta W(k - 1) + \beta\Delta W(k - 2) + b_0 G(k) + b_I G(k - 1) + b_2 G(k - 2) \end{aligned} \tag{2-20}$$

其中 α，β，b_0，b_1，b_2 为常系数。满足如下关系：

$$\begin{cases} \alpha + \beta = 1 \\ b_0 + b_1 + b_2 = k_2(r + 1) \end{cases} \tag{2-21}$$

下面考查（2-14）式与（2-20）式的关系。由（2-14）式可得：

$$\Delta W=(k-1)=kpG(k-1)+k_d\Delta G(k-1)+k_i\sum_{i=1}^{k-1}G(i) \quad (2-22)$$

（2-14）式-（2-22）式有：

$$\begin{aligned}&\Delta W(k)-\Delta W(k-1)\\&=(k_p+k_i+k_d)G(k)-(k_p+k_i+2k_d)G(k-1)+k_dG(k-2)\\&=k_pG(k)+K_IG(k-1)+k_DG(k-2)\end{aligned} \quad (2-23)$$

关于（2-20）式 LPIDBP 学习算法的收敛性，可以作如下简单分析。重写 BP 算法的权值学习公式如下：

$$\Delta W(k)=\eta G(k)+a\Delta W(k-1) \quad (2-24)$$

有上式可以得到

$$\Delta W(k-1)=\eta G(k-1)+a\Delta W(k-2) \quad (2-25)$$

将上式代入（2-26）式，则 BP 学习算法为：

$$\begin{aligned}\Delta W(k)&=\eta G(k)+a_1\Delta W(k-1)+(a-a_1)\Delta W(k-1)\\&=\eta G(k)+a_1[\eta G(k-1)a\Delta W(k-2)]+(a-a_1)\Delta W(k-1)\\&=\eta G(k)+a_1\eta G(k-1)+(a-a_1)\Delta W(k-1)+a_1\alpha\Delta W(k-2)\\&\quad+c_2\Delta W(k-2)\end{aligned} \quad (2-26)$$

其中，a_1，c_1，c_2为常系数，且$c_1+c_2=a_1a$。

比较（2-20）式与（2-26）式，当（2-20）式中的 $b_2=0$ 时，（2-20）式与（2-26）式的惯性 BP 算法一致；当 $b_2\neq 0$ 而 $G(k-2)=c_2/b_2\Delta W(k-2)$ 时，则（2-20）式与（2-24）式完全一致。我们已知，传统 BP 算法和惯性 BP 算法是收敛的。因此 LPIDBP 算法的收敛性也可得到保证。

另外，由上面的推导说明，LPIDBP 算法是惯性 BP 算法与滞后两拍的 BP 算法的合成。

（2-20）式包含了神经网络权值学习系数与采样时间、积分时间、微分时间常数等之间的关系，便于与连续系统对应。显然 LPIDBP 要比 RPIDBP 学习参数的物理意义更加清晰。同时由于引入了惯性项，可以在较大的学习参数下加快收敛而减少振荡和发散的可能。按照上述构造神经网络学习算法的思路，从设计滤波器和传递函数的角度，我们还可以构造 Kalman 滤波器等其他传递函数方程，从而得到其他形式的神经网络学习算法。本节内容希望能起到抛砖引玉的作用。

（二）仿真研究

考虑二阶非线性离散动态系统

$$y(k+1)=\frac{0.875y(k)+u(k)}{1+y^2(k)+y^2(k-1)} \tag{2-27}$$

训练准则定为输出的均方误差和，即 $\frac{1}{2}\sum e^2$。训练方法采取以下三种：BP 网络与 BP 算法；BP 网络与 LPIDBP 算法；复合输入 DRNN 与 LPIDBP 算法。其中复合输入 DRNN 网络结构为（1+6）×6×1，自反馈系数 0.25，反馈系数 0.5，前向滤波系数 0.9；BP 网络结构为 3×6×l，BP 算法的学习率 $\eta=0.01$，动量因子 $a=0.1$ 取采样周期 $T=0.1$ 秒。采用 LPIDBP 算法时，为简化运算，仅对输出层权值采用 LPIDBP 算法，对隐层权值仍沿用标准 BP 算法。

采用上述几种网络和学习算法的训练情况。其中曲线 1 是 BP 网络采用 BP 算法的收敛结果；曲线 2 是 BP 网络采用 LPIDBP 算法的收敛结果；曲线 3 是复合输入 DRNN 采用 LPIDBP 算法的收敛结果。通过比较可以看出，LPIDBP 算法较 BP 算法具有明显的优势，同时曲线 3 有最佳的学习效果，说明复合输入 DRNN 的稳态收敛精度高于 BP 网络。

为验证复合输入 DRNN 的泛化能力，对网络和系统分别施加幅度为 0.5、频率分别为 0.1Hz 和 0.5Hz 的正弦输入。在不同的频率下，复合输入 DRNN 的输出均能很好地逼近系统的响应，表明网络的泛化能力较高。适当调整采样时间和 LPIDBP 参数，收敛速度和辨识相度会更加理想。

另外，我们通过上例对 Elman 网络进行了仿真研究，结果发现，其误差平方和函数值始终保持在 15.3 左右而不收敛，这一点与前文的分析一致。但是，应当指出，系统实时辨识和控制大多是在给定输入信号下进行，因此 Elman 网络仍有一定的作用，尤其在需要利用它的导数逼近能力的时候。

第四节 基于神经网络的辨识器和控制器

一、系统辨识的基本原理

系统辨识在工业方面的广泛应用归结为以下几方面：

（1）控制系统的分析和设计；

（2）在实时控制中，辨识器作为被控对象的模型调整控制器参数，获得较好的控制效果；

（3）建立与辨识系统的逆模型，作为控制器；

（4）建立时变模型，预测其参数，以实现系统参数的预测和预报；

（5）监视系统运行状态，进行故障诊断。

（一）系统辨识的定义

系统辨识是一种建模方法。1962 年，I. A. Zadeh 给鉴定的定义："辨识就是在输入和输出数据的基础上，从一组给定的模型类中确定一个与所测系统等价的模型"当然，找到了一个模型，完全等同于实际过程无疑是非常困难的，实用中是按照一个准则在一组模型类中选择一个与数据拟合得最好的模型。

（二）系统辨识的目的

一般地，在变化的输入/输出中，辨识模型 $\hat{P}$ 与被辨识系统 P 并联接收同一输入信号 $u(k)$，辨识的目的即是根据二者实际输出偏差信号 $e(k+1)=y(k+1)-\hat{y}(k+1)$ 来修正 $\hat{P}$ 中模型参数，使得准则函数 J 为最小。

（三）辨识的主要步骤

（1）实验设计。实验设计的目的是确定输入信号、采样周期、辨识时间、开环或闭环、离线或在线等。采集到的输入/输出数据序列要尽可能多地包含系统特征信息。

（2）确定辨识模型 M 的结构。M 的结构设计主要依靠人的经验来确定，M 可以由一个或多个神经网络组成，也可以加入线性系统。M 的结构确定后需选择神经网络的种类，目前多采用 BP 神经网络。

（3）确定辨识模型的参数。确定辨识模型的参数需要选择合适的参数辨识算法。采用 BP 神经网络时，可采用一般的 BP 学习算法辨识网络的权值参数。

二、神经网络系统辨识典型结构

（一）工作原理

如图 2-13 所示，设 P 为被辨识系统，$\{u(t), y(t)\}$ 为被辨识

系统 P 的输入/输出时间序列，$\hat{P}$ 为由神经网络构成的辨识模型，$v(t)$ 为作用于系统输出端的噪声，$z(t)$ 为含噪声的系统输出，$\hat{y}(t)$ 为辨识模型神经网络的输出。

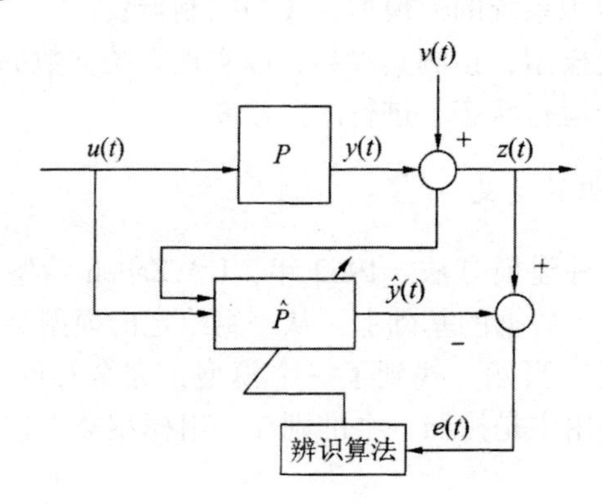

图 2-13　系统辨识的基本原理

$\hat{P}$ 与 P 并联接收同一输入信号 $u(t)$，系统的实际输出 $z(t+1)$ 作为神经网络辨识模型 $\hat{P}$ 的教师信号，该信号与 $\hat{P}$ 的实际输出 $\hat{y}(t+1)$ 之差 $e(t+1)=z(t+1)-\hat{y}(t+1)$ 可用来修正 $\hat{P}$ 中神经网络的权值。

（二）离线辨识与在线辨识

辨识系统既可以进行离线辨识也可以进行在线辨识。

1. 离线辨识

离线识别是在大量输入、输出系统中对这些历史数据进行训练和识别的神经网络。因此，识别过程与实际系统分离，没有实时性要求。离线辨识可以使神经网络的训练过程中，提前完成了系统之前的工作，但由于输入、输出训练样本集是难以覆盖所有工作的范围，所以很难适应系统参数的工作流程的变化。

2. 在线辨识

在线识别是在系统实际运行中进行的，识别过程具有实时性要求。在实际应用中，一般先进行离线训练，然后得到网络学习的权值，然后离线训练后的网络权值成为初始在线学习值，从而提高实时识别能力。由于神经网络具有很强的学习能力，当辨识系统的参数发生变化时，神经网络可以通过不断调整权值来自适应地跟踪辨识系统的变化。

3. ANN 辨识模型典型结构

（1）系统正模型的辨识

系统正模型的辨识可用并联结构或串-并联结构实现，其原理结构如图 2-14 所示。

①系统模型辨识的并联结构。由于在辨识初始阶段，神经网络的实际输出 $\hat{y}(t+1)$ 很难接近系统的实际输出 $y(t+1)$，而且可能不稳定，因此由各纯滞后单元 z^{-1} 输出的 $\hat{y}(t)$，$\hat{y}(t-1)$，$\hat{y}(t-2)$ 在网络训练开始时均不可靠，在这种情况下，不能保证系统辨识收敛。

②系统模型辨识的串-并联结构。在辨识过程中，神经网络始终以系统的实际输出 $y(t)$，$y(t-1)$，$y(t-2)$ 作为训练样本，一般情况下系统辨识能够收敛。

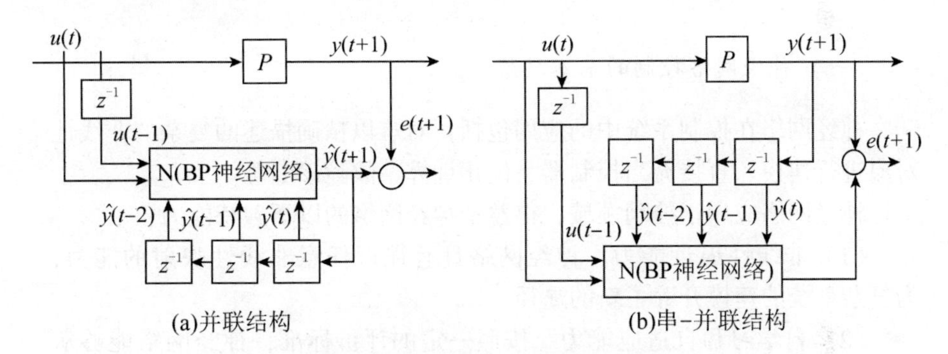

(a)并联结构　　(b)串-并联结构

图 2-14　系统正模型辨识的并联结构与串-并联结构

图 2-14 中，N 为神经网络对 P 的辨识模型，采用 BP 神经网络时，网络输入层有五个神经元，分别对应系统的三个输出信号序列和两个输入信号序列，输出层有一个神经元，网络的隐层一般设为一层，其神经元个数由经验和实验确定。

（2）系统逆模型的辨识

若将系统的输出作为辨识模型的输入，而将系统的输入作为辨识模型的教师信号，结果可得到系统逆模型的辨识模型 $\hat{P}^{-1}$。图 2-15 给出两种常采用的系统逆模型辨识结构；图 2-15（a）为系统逆模型的反馈辨识结构，用于离线训练神经网络；图 2-15（b）为系统逆模型的前馈辨识结构，它可进行神经网络的在线学习。

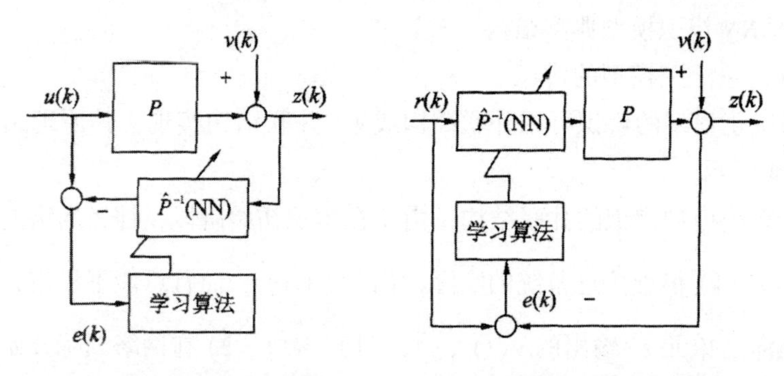

(a) 系统逆模型的反馈辨识结构　　(b) 系统逆模型的前馈辨识结构

图 2-15　两种常采用的系统逆模型辨识结构

三、基于神经网络的控制器

（一）神经网络控制的基本思想

神经网络在控制系统中的应用包括：对难以精确描述的复杂的非线性对象进行建模、直接充当控制器、优化计算、故障诊断等。

神经网络应用于控制领域，得益于神经网络的以下独特能力：

（1）非线性逼近能力。神经网络具有逼近任意非线性映射的能力，为复杂系统的建模开辟了新的途径。

（2）自学习和自适应能力。按照一定的评价标准，神经网络能够从输入/输出的数据中提取出规律性的知识，记忆在网络的权值中，并具有一定的泛化能力。固有的自学习能力可以减小复杂系统不确定性对控制性能的影响，增加控制系统适应环境变化的能力。

（3）并行计算能力。神经网络中的信息是并行处理的，使其有潜力快速实现大量复杂的控制算法。此外，神经网络输入/输出的数量是任意的，对单变量系统和多变量系统提供了一种通用的描述，不必再考虑各子系统间的解耦问题，可以方便地应用于多变量控制系统。

（4）分布式信息存储与容错能力。神经网络中的信息分布式地大量存储于网络的连接权值中，这可以提高控制系统的容错性。

（5）数据融合能力。神经网络庞大的网络结构，可以同时处理定量信息和定性信息。

（二）神经网络控制系统典型结构

根据神经网络在控制器中的作用不同，神经网络控制器可分为两类：

（1）神经控制。它是以神经网络为基础而形成的独立智能控制系统。

（2）混合神经网络控制。它是利用神经网络学习和优化能力来改善传统控制的智能控制方法。

神经网络控制系统结构有许多种，主要包括神经网络直接逆控制、神经网络监督控制（或称神经网络学习控制）、神经网络自适应控制、神经网络内模控制及神经网络预测控制等。

1. 神经网络直接逆控制

神经网络直接逆控制被控对象的神经网络逆模型直接与被控对象串联，这样的期望输出（即网络的输入和输出）的实际对象传递函数之间是平等的，这在网络作为前馈控制器，控制输出为期望输出。

图 2-16 提出两种结构的神经网络的直接逆控制方案。图 2-16（a）中，NN1 和 NN2 具有相同的网络结构（逆模型），并使用相同的算法来实现对象的逆分别。图 2-16（b）中是神经网络学习评价的功能和实施对象的逆控制。

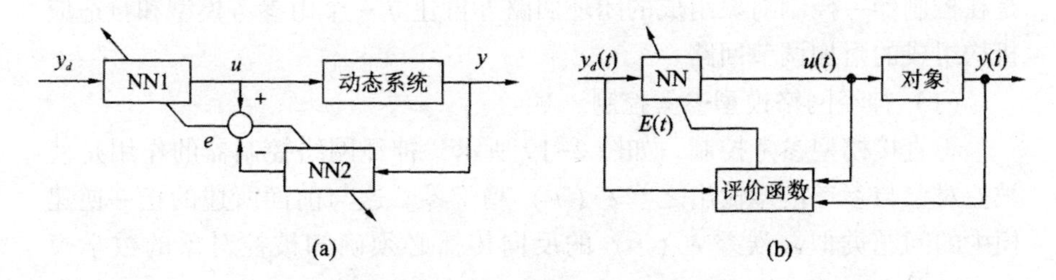

图 2-16　神经网络直接逆控制

2. 神经网络监督控制

神经网络学习其他控制器，然后逐步取代原来的控制器称为神经网络的监控。

神经网络监督控制结构图 2-17 所示。神经网络控制器建立被控对象的逆模型，实际上是前馈控制器。

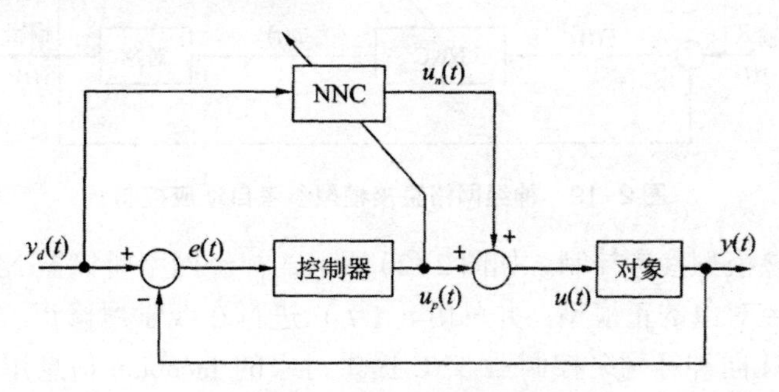

图 2-17　神经网络监督控制

3. PID 神经网络控制

神经网络 PID 控制其系统结构如图 2-18 所示。

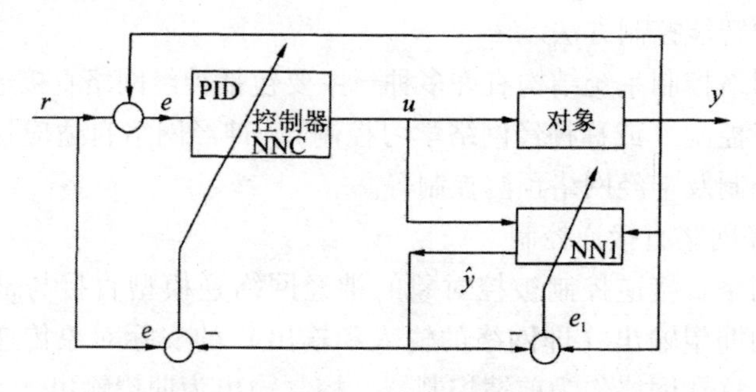

图 2-18　神经网络 PID 控制结构

4. 神经网络自适应控制

神经网络控制系统从应用自适应控制的角度大体上可以归纳为两类——模型参考自适应控制和自校正控制。模型参考自适应控制的基本思想是在控制器—控制对象组成的闭环回路外再建立一个由参考模型和自适应机构组成的附加调节回路。

(1) 神经网络模型参考控制

①直接模型参考控制。如图 2-19 所示，神经网络控制器的作用是使被控对象与参考模型输出之差 $e_c(t)$ 趋于零。这与前面所述的正—逆建模中的问题类似，误差 $e_c(t)$ 的反向传播必须确知被控对象的数学模型，即需要知道对象的 Jacobian 信息 $\frac{\partial y}{\partial u}$。这给 NNC 的学习修正带来了困难，为此可引入间接模型参考控制。

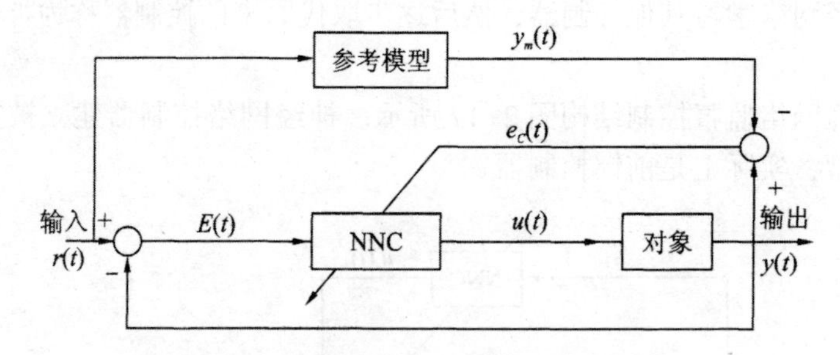

图 2-19　神经网络直接模型参考自适应控制

②间接模型参考控制。如图 2-20 所示，神经网络辨识器 NNI 首先离线辨识被控对象的正模型，并可由 $e_I(t)$ 进行在线学习修正。神经网络辨识器 NNI 向神经网络控制器 NNC 提供对象的 Jacobian 信息用于控制器 NNC 的学习。

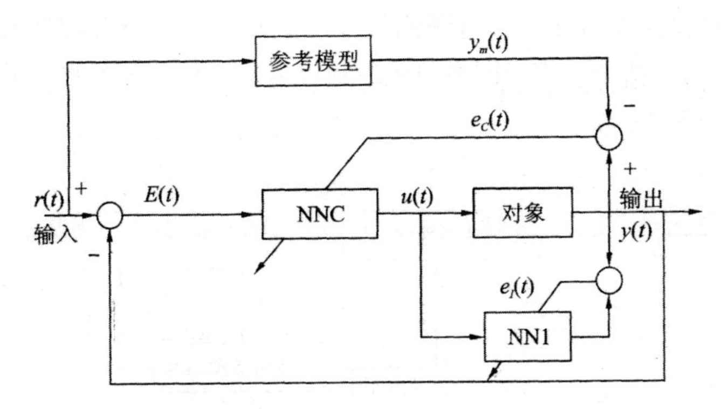

图 2-20　神经网络间接模型参考有适应控制

（2）神经网络自校正控制

自校正控制根据对系统正模型或逆模型的结果调节控制器内部参数，使系统满足给定的指标。神经网络自校正控制结构如图 2-21 所示，它也可分为间接与直接控制。

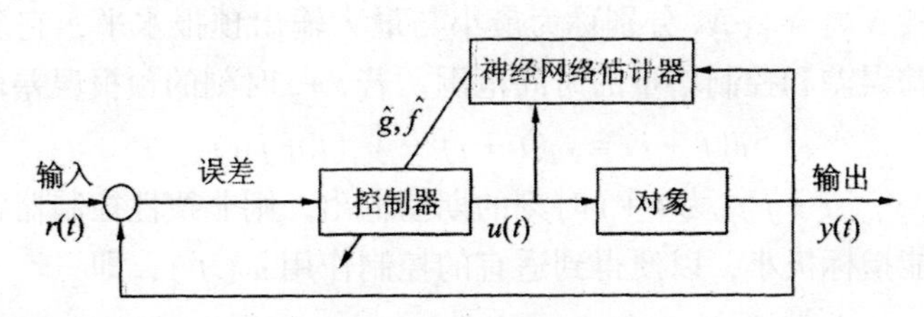

图 2-21　神经网络自校正控制

①神经网络间接自校正控制。控制器使用常规控制器，离线辨识的神经网络估计器需要具有足够高的建模精度。

假定被控对象为如下单变量仿射非线性系统：

$$y(k+1)=f[y(k)]+g[y(k)]u(k) \tag{2-28}$$

若利用神经网络对非线性函数 $f[y(k)]$ 和 $g[y(k)]$ 进行离线辨识而得到具有足够逼近精度的估计值 $\hat{f}[y(k)]$ 和 $\hat{g}[y(k)]$，则常规控制器的控制律可表示为

$$u(k)=\frac{\left\{y_d(k+1)-\hat{f}[y(k)]\right\}}{\hat{g}[y(k)]} \tag{2-29}$$

其中，$y_d(k+1)$ 为 $k+1$ 时刻的期望输出值。

5. 神经网络预测控制

预测控制也称为基于模型的控制，是 20 世纪 70 年代末发展起来的一

种新型计算机控制方法，具有预测模型、滚动时域优化和反馈校正等特点。如图 2-22 所示，神经网络预测控制可以通过使用神经网络建立系统的预测模型构建。

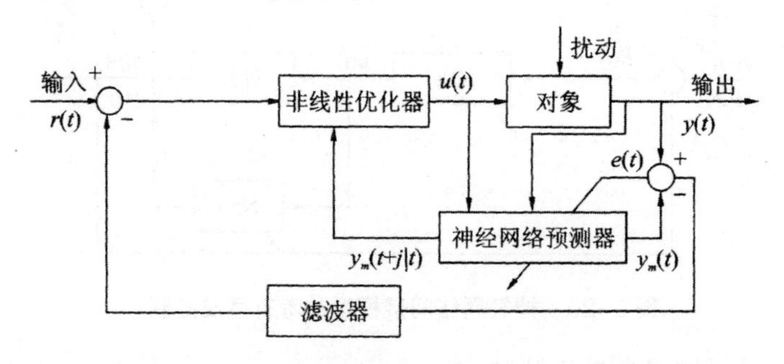

图 2-22　神经网络预测控制

利用此预测模型，可以由目前的控制输入 $u(t)$ 和系统输出 $y(t)$ 预报出被控系统在将来一段时间范围内的输出值 $ym(t+j|t)$，其中：$j=N_1$，N_1+1，…，N_2；N_1、N_2 分别称为最小与最大输出预报水平，它反映了所考虑的跟踪误差和控制增量的时间范围。若 $t+j$ 时刻的预报误差可定义为

$$e(t+j)=y_d(t+j)-y_m(t+j|t) \tag{2-30}$$

式中，$y_d(t+j)$ 为 $t+j$ 时刻的期望输出。则非线性控制器将使如下二次型性能指标极小，以便得到适宜的控制作用 $u(t)$，即

$$J=\sum_{j=N_1}^{N2} e^2(t+j)+\sum_{j=1}^{N2} \lambda^2 \Delta u^2(t+j-1) \tag{2-31}$$

式中，$\Delta u(t+j-1)=u(t+j-1)-u(t+j-2)$，$\lambda$ 为控制加权因子。

6. 神经网络内模控制

内模控制近年来已被发展为非线性控制的一种重要方法，且具有非常好的鲁棒性和稳定性。

至于神经网络内模控制，被控对象的正模型及控制器均由神经网络来实现，其结构如图 2-23 所示。

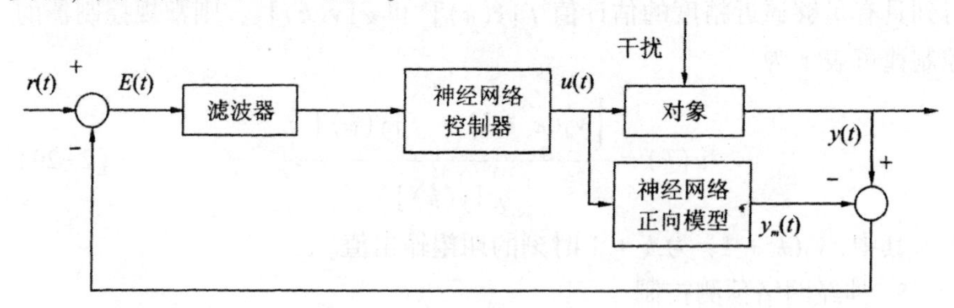

图 2-23　神经网络内模型控制

如果输入/输出是稳定的，则控制是完备的，即总有 $y(t)-y_m(t)$。

7. 神经网络自适应评判控制

神经网络自适应评价控制通常由两个网络组成，如图 2-24 所示。

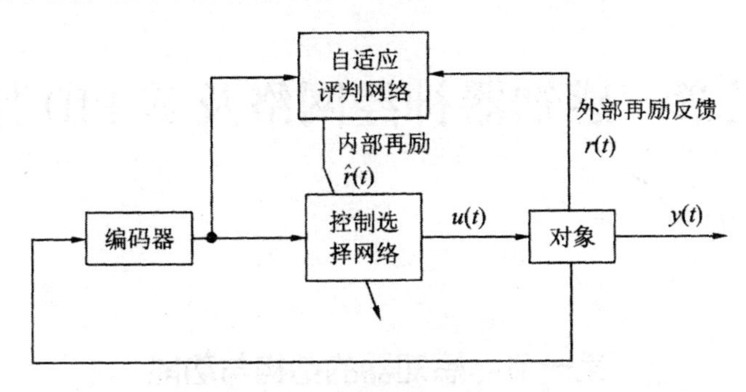

图 2-24　神经网络自适应评判系统

第三章　感知器神经网络及其 PID 控制

第一节　感知器的结构与功能

一、单层感知器的网络结构

图 3-1 所示的 M-P 模型通常叫作单输出的感知器。按照 M-P 模型的要求，该人工神经元的激活函数是阶跃函数。为了方便表示，图 3-1 可改画为图 3-2 所示的结构。用多个这样的单输出感知器可构成一个多输出的感知器，其结构如图 3-2 所示。

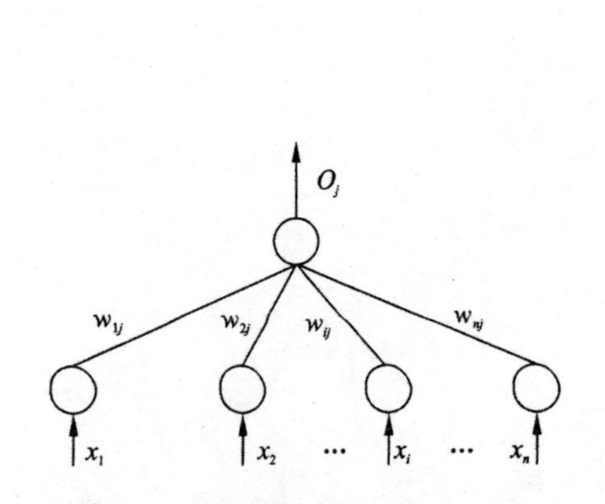

图 3-1　单计算节点的单层感知器

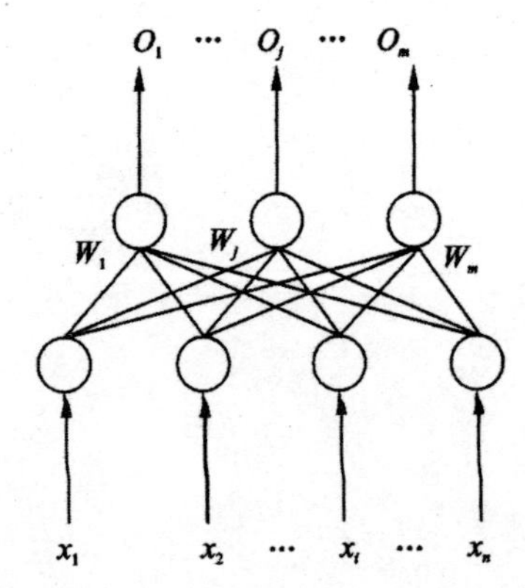

图 3-2　多输出节点的单层感知器

感知层也称为输入层，每个节点只负责接收一个输入信号，其自身并无信息处理能力。

输出层也称为信息处理层，每个节点均具有信息处理能力，并向外部输出处理后的信息，不同的输出节点，其连接权值是相互独立的。

图 3-3 给出了输出层任一节点 j 的信号处理模型。

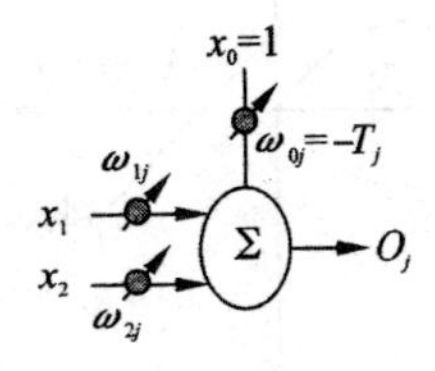

图 3-3　单计算节点感知器的信号处理模型

M-P 模型中所介绍，T_j 为阈值，输出节点 j 的输出信号 O_j，可表示为：

$$O_j = \mathrm{sgn}(\mathrm{net}'_j - T_j) = \mathrm{sgn}(\sum_{i=1}^{n} w_{ij}x_j - T_j) = \mathrm{sgn}(\sum_{i=1}^{n} w_{ij}x_j) = \mathrm{sgn}(W_j^T X)$$
$$= \begin{cases} 1, & W_j^T X>0 \\ -1 \text{ 或 } 0, & W_j^T X \leqslant 0 \end{cases} \tag{3-1}$$

式中，净输入 net'_j 为来自输入层各节点信号的加权和，sgn（.）为符号函数，W_j 表示节点 j 与感知层之间的连接权值列向量。

二、单层感知器的功能分析

由式（3-1）不难看出，单节点感知器采用了符号转移函数，具有模式分类与实现逻辑函数的能力。

（一）模式分类

对于二维平面，当输入、输出为线性可分集合时，一定可找到一条直线将该模式分为两类。此时，通过调整感知器的权值及阈值可以修改两类模式的分界线：

$$w_{1j}x_1 + w_{2j}x_2 - T_j = 0 \tag{3-2}$$

二维样本的两类模式分类示意图如图 3-4 所示。完成模式分类的知识存储在了感知器的权向量（包含了阈值）中。

显然，对于三维输入样本空间，当输入、输出为线性可分集合时，一定可找到一个平面，将该模式分为两类，该平面可由三输入的单计算节点感知器实现。对于 n 维空间的一般情况，n 输入的单计算节点感知器可定义一个 n 维空间上的超平面，将输入样本模式分为两类。超平面的方程可表示为式（3-3），感知器的权向量（包含了阈值）决定了这个分类判决界面。

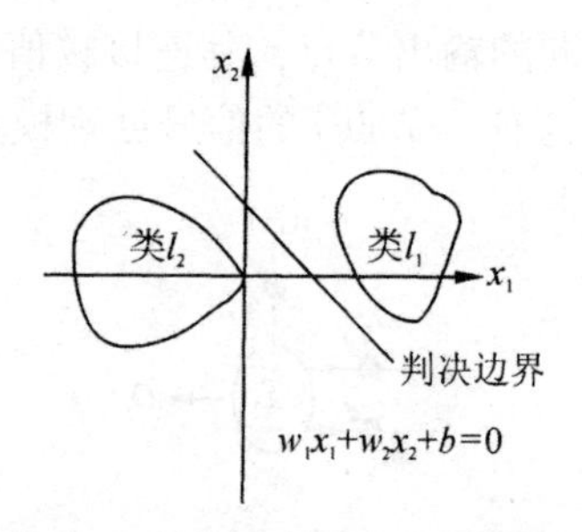

图 3-4　单计算节点感知器对二维样本的分类

$$w_{1j}x_1 + w_{2j}x_2 + \cdots + w_{nj}x_n - T_j = 0 \tag{3-3}$$

单个感知器节点只能实现两类分类。如果要进行多于两类的分类将怎么办？生物医学已经证明：生物神经系统是由一些相互联系的，并能互相传递信息的神经细胞互连构成的。

（二）部分逻辑函数

单节点感知器可看作一个二值逻辑单元，其实现逻辑代数中某些基本运算。感知器实现“与、或、非”的结构如图 3-5 所示。

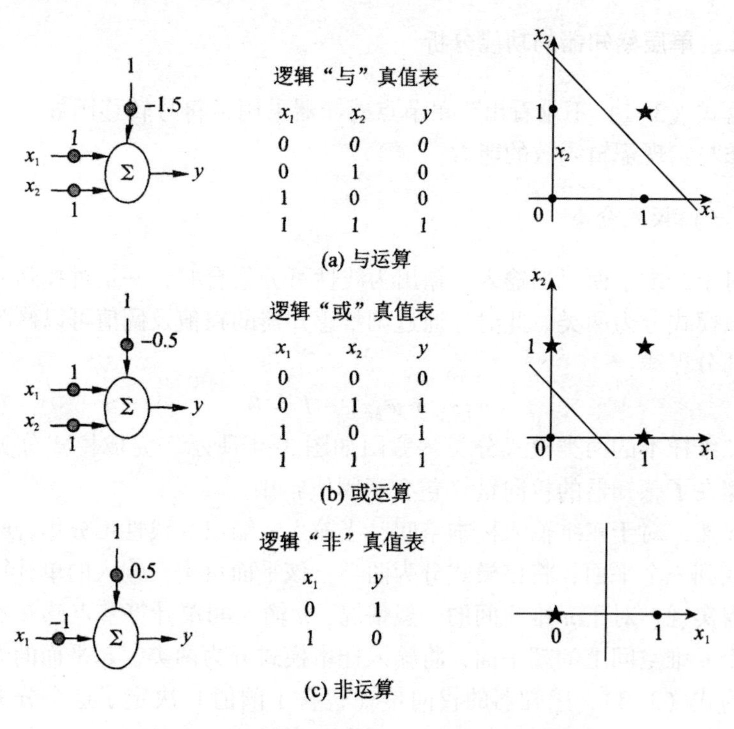

图 3-5　单计算节点感知器实现基本逻辑运算

图 3-5 给出了实现基本逻辑“与、或、非”功能的单计算节点感知器结构、逻辑真值表及感知器分类结果。

对于图 3-5（a）所示的逻辑“与”运算，从真值表中可以看出：四个样本的输出有两种情况，一种使输出为 0，另一种使输出为 1。因此逻辑函数的实现实际上也是属于分类问题。采用感知器学习规则进行训练，可得到相应的连接权值。图 3-5（a）给出了一个分类判决直线，其方程为：

$$x_1 + x_2 - 1.5 = 0 \tag{3-4}$$

显然，直线方程将输出为 1 的样本点“★”和输出为 0 的样本点“·”正确分开了，但完成该功能的直线并不是唯一的。

此外，并非任意逻辑函数功能都能够采用单计算节点感知器来实现。例如图 3-6 所示的“异或”逻辑运算，四个样本也分为两类，但把它们标在平面坐标系中可以发现任何直线也不可能把这两类样本分开。

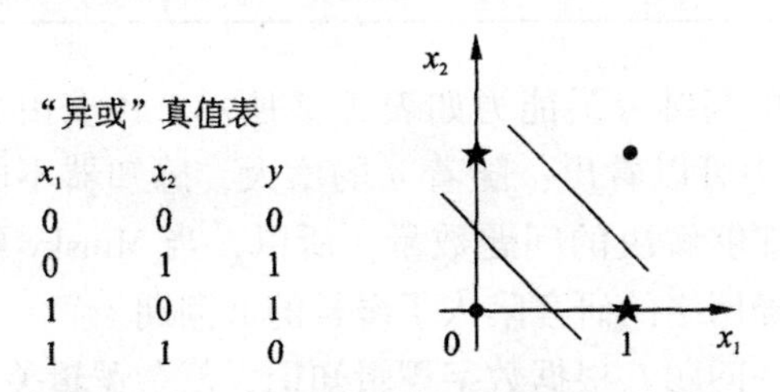

“异或”真值表

x_1	x_2	y
0	0	0
0	1	1
1	0	1
1	1	0

图 3-6　“异域”问题的线性不可分性

两输入单输出感知器不能解决“异或”问题，可证明如下。

基于图 3-6，“异或”关系可用以下四个样本表示：

$$\begin{bmatrix} X^1 = \begin{pmatrix} 0 \\ 1 \end{pmatrix} \\ d^1 = 1 \end{bmatrix} \begin{bmatrix} X^2 = \begin{pmatrix} 0 \\ 0 \end{pmatrix} \\ d^2 = 0 \end{bmatrix} \begin{bmatrix} X^3 = \begin{pmatrix} 1 \\ 0 \end{pmatrix} \\ d^3 = 1 \end{bmatrix} \begin{bmatrix} X^4 = \begin{pmatrix} 1 \\ 1 \end{pmatrix} \\ d^4 = 0 \end{bmatrix}$$

其中，$X^i = (X_1^i \cdot X_2^i)$ 为样本的输入，d^i 为样本的目标输出两输入单输出感知器输出方程为 $o = \mathrm{sgn}(W^T X - T)$ 。将四个样本分别代入 $W^T X - T$，并根据相应的 d 值可以得到：

$$\begin{cases} w_2 - T > 0 & (a) \\ -T < 0 & (b) \\ w_1 - T > 0 & (c) \\ w_1 + w_2 - T < 0 & (d) \end{cases} \tag{3-5}$$

将式［3-5（a）］与式［3-5（c）］相加，可得 $w_1 + w_2 > 2T$，将式［3-5（b）］与式［3-5（d）］相加，可得 $w_1 + w_2 < 2T$ 两个结论是

矛盾的，因此用两输入单输出感知器无法解决“异或”问题。

表3-1给出了二输入变量的所有逻辑函数关系。采用上述分析方法，考察这些逻辑关系可以发现f_7，表示的“异或”关系和f_{10}。表示的“同或”关系不能由单计算节点感知器来表达。其原因是“单层感知器不能对线性不可分问题实现分类。”

表3-1 二输入变量的所有逻辑函数关系表

变量		函数及其值															
x_1	x_2	f_1	f_2	f_3	f_4	f_5	f_6	f_7	f_8	f_9	f_{10}	f_{11}	f_{12}	f_{13}	f_{14}	f_{15}	f_{16}
0	0	0	0	0	0	0	0	0	0	1	1	1	1	1	1	1	1
0	1	0	0	0	0	1	1	1	1	0	0	0	0	1	1	1	1
1	0	0	0	1	1	0	0	1	1	0	0	1	1	0	0	1	1
1	1	0	1	0	1	0	1	0	1	0	1	0	1	0	1	0	1

单层感知器的高维分类能力如表3-2所示。该表由R. O. Windner于1960年给出，从中可以看出：随着n的增大，感知器不能表达的问题数量远远超过了它能够解决的问题数量。所以，当Minsky给出这一致命缺陷时，使人工神经网络的研究陷入了漫长的低潮期。

如何解决这一问题？根据数字逻辑知识，复杂逻辑关系可转化为基本的“与、或、非”关系来实现。例如，对于“异或”关系，有

$$y = x_1 + x_2 = x_1 \overline{x_2} + \overline{x_1} x_2 \tag{3-6}$$

显然，可以用多个单节点感知器来表达：先用两个感知器分别表达两个“与非”关系，然后再用一个感知器表达“或”关系。这给线性不可分问题的模式分类提供了解决思路——采用多层感知器。

表3-2 单层感知器的高维分类能力表

自变量个数	函数的个数	线性可分函数的个数
1	4	4
2	16	14
3	256	104
4	65536	1882
5	4.3×10^{9}	94572
6	1.8×10^{19}	5028134

（三）举例

例 3.1 分析图 3-7 所示感知器的功能。

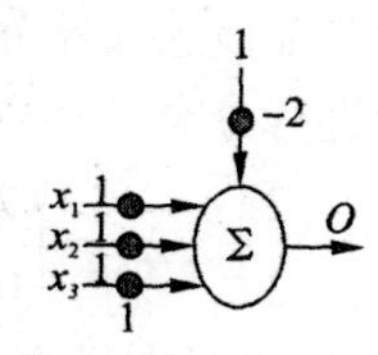

图 3-7 三输入的单层感知器

解 节点输出可表示为：

$$0 = \mathrm{sgn}\left(\sum_{i=1}^{n} w_j x_i - T\right) = \mathrm{sgn}(x_1 + x_2 + x_3 - 2)$$

列写真值表如表 3-3 所示。

表 3-3 真值表

x_1	X_2	X_3	O
0	0	0	0
0	0	1	0
0	1	0	0
0	1	1	1
1	0	0	0
1	0	1	1
1	1	0	1
1	1	1	1

由真值表可见，该感知器实现了如下三变量逻辑函数：

$$\begin{aligned} 0 &= \overline{x_1}x_2x_3 + x_1\overline{x_2}x_3 + x_1x_2\overline{x_3} + x_1x_2x_3 \\ &= x_2x_3 + x_1x_3 + x_1x_2 \end{aligned}$$

根据数字逻辑相关知识可知该感知器的功能为三变量多数表决器。

例 3.2 对于如下样本，设计感知器解决分类问题：

$$\begin{bmatrix} X^1 = \begin{pmatrix} -1 \\ 2 \end{pmatrix} \\ d^1 = 1 \end{bmatrix} \begin{bmatrix} X^2 = \begin{pmatrix} -2 \\ 1 \end{pmatrix} \\ d^2 = 1 \end{bmatrix} \begin{bmatrix} X^3 = \begin{pmatrix} -1 \\ -1 \end{pmatrix} \\ d^3 = 1 \end{bmatrix} \begin{bmatrix} X^4 = \begin{pmatrix} 1 \\ 1 \end{pmatrix} \\ d^4 = 1 \end{bmatrix} \begin{bmatrix} X^5 = \begin{pmatrix} 1 \\ 2 \end{pmatrix} \\ d^5 = 0 \end{bmatrix} \begin{bmatrix} X^6 = \begin{pmatrix} 2 \\ -1 \end{pmatrix} \\ d^6 = 0 \end{bmatrix}$$

其中，$X' = (x'_1,\ x'_2)$ 为样本的输入，为样本的目标输出（$i=1,\ \cdots,\ 6$）。

（1）试设计感知器解决分类问题。

（2）用以上 6 个输入向量验证该感知器分类的正确性。

（3）对以下两个输入向量进行分类。

$$X_7 = \begin{pmatrix} -2 \\ -2 \end{pmatrix},\ X_8 = \begin{pmatrix} 2 \\ 0 \end{pmatrix}$$

解　（1）首先将 6 个输入样本标在样本平面上，可以找到一条直线将两类样本分开，因此可以用单节点感知器解决该问题。

设分界线方程为：

$$net_i = \sum_{n=1}^{2} w_{ni} x_{in} - T_i = 0$$

（2）分别将 6 个输入向量带入感知器的输出表达式 $o = \mathrm{sgn}(W^T X - T)$，可得网络的输出分别为 0，0，0，1，1，1。可见：感知器的输出和教师信号相符，其分类是正确的。

（3）如图 3－8 所示，7 号和 8 号测试样本分别为★和☆，将样本信号输入设计好的感知器可以得到感知器的输出分别为 0 和 1，因此在 8 个样本中，X^1，X^2，X^3，X^7 属于一类，X^4，X^5，X^6，X^8 属于一类。

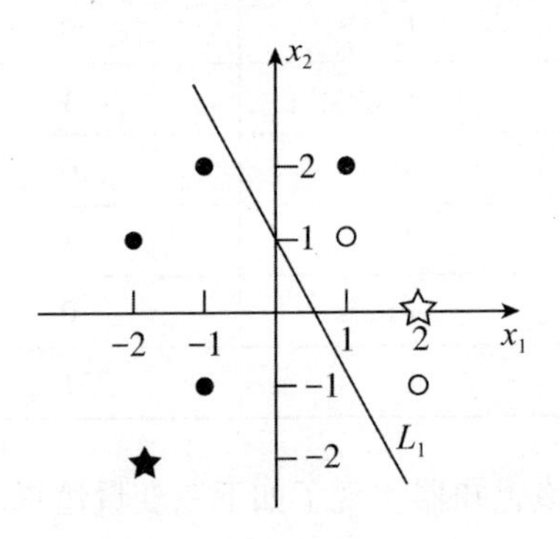

图 3-8　两类样本的分类问题

三、多层感知器的功能分析

（一）多层感知器的表达能力

当输入样本是二维向量时，隐层中的每个传感器节点确定一条穿过二维平面的直线。不难想象，多系由多个节点确定将被合并的输出节点后的形状如图 3-9 所示。凸域是指边界上的任意两点在该域中连通。通过对隐层节点的训练，可以调整凸域的形状，将两类线性不可分样本分为域内和域外。输出层节点负责对域内外两类样本进行分类，完成了非线性可分问题的集合分类。①

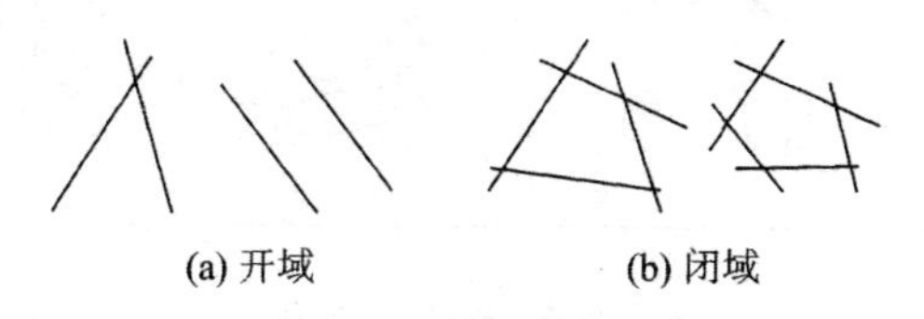

图 3-9　二维平面上的凸域

如果二隐层在此基础上补充说，该层的每个节点确定一个凸域，每个凸域结合输出层节点成为一个更复杂的任意形状的域图 3-10 所示。显然，凸域与任意形状的结合意味着双隐层的分类能力远远高于单隐层的分类能力。

图 3-10　凸城组合的任意形状

表 3-4 给出具有不同隐层数感知器的分类能力对比。

表 3-4　不同隐层数感知器的分类能力

感知器结构	异或问题	复杂问题	判决域形状	判决域
无隐形	A B B A	A B		半平面
单隐形	A B B A	A B		凸域

① 陈雯柏．人工神经网络原理与实践［M］．西安：西安垫子科技大学出版社，2016，第 35 页．

续表

感知器结构	异或问题	复杂问题	判决域形状	判决域
双隐形 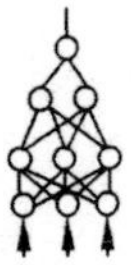	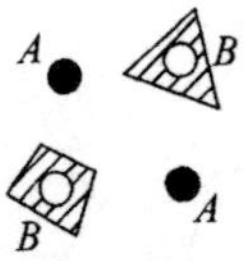 A B B A	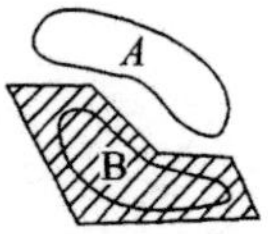 A B		任意复杂形状域

隐层神经元节点数越多，就能够完成越复杂的分类问题。Kolmogorov理论指出：双隐层感知器足以解决任何复杂的分类问题。

（二）多层感知器的模式

基于表 3-4 可对多层感知器的功能进一步总结如下：

（1）实现任意的逻辑函数；

（2）实现复杂的模式分类；

（3）实现 R^n 到 R^m 空间的任意连续映射的逼近。

Minsky 和 Papert 在颇具影响的《Perceptron》一书中指出：简单的感知器只能求解线性问题，能够求解非线性问题的网络应具有隐层。在不限制网络尺寸的情况下，网络节点可能会很多。但从前面介绍的感知器学习规则看，其权值调整量取决于感知器期望输出与实际输出之差，即 $\Delta W_j(t)=\eta[d_j-o_j(t)]X$。

（三）举例

例 3.3　用两计算层感知器解决“异或”问题。

思路 1：根据表 3-4，构造两计算层感知器来完成。

如图 3-11（a）所示，适当调整参数，两条分界直线 S_1 和 S_2 构成的开放式凸域可使两

类线性不可分样本分别位于该开放式凸域内部和外部。这两条分界直线可有两个感知器节点来完成：

（1）分界线 S_1 对应隐节点 1。S_1 下面的样本点使节点输出 $y_1=1$，否则 $y_1=0$；

（2）分界线 S_2 对应隐节点 2。S_2 上面的样本点使节点输出 $y_2=1$，否则 $y_2=0$。

此时，“异或”输出为“0”的节点位于凸域内部（直线 S_1 下方和直线 S_2 上方），“异或”输出为“1”的节点处于该凸域外部。

据此，将四种输入样本与各节点的输出情况列于图 3-11（b）。

由真值表易见："异或"求解问题转化为三个单节点感知器设计问题，设计完成的两计算层感知器网络结构如图 3-11（c）所示。

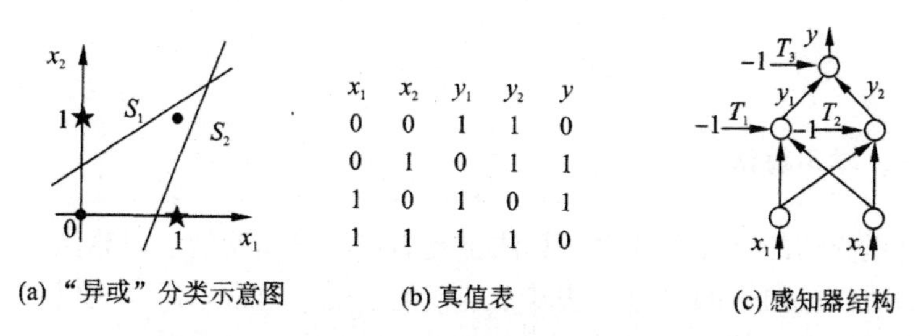

x_1	x_2	y_1	y_2	y
0	0	1	1	0
0	1	0	1	1
1	0	1	0	1
1	1	1	1	0

图 3-11　单隐层感知器网络解决"异或"问题

思路 2：根据空间扩展构造两计算层感知器来完成。

根据空间扩展构造两计算层感知器的思路是将低维空间中的线性不可分问题变换到高维空间，使其线性可分。

一条直线不能对二维平面上的异或问题进行分类，但三维空间内的任意四点，总可以用一个平面将它分成任意两类。因此，寻找变换将平面上的四个点映射到三维空间的四个点，则可以用一个平面将变换后的四个点分成两类，从而解决异或问题。

如图 3-12（a）所示，变换的方法可以是在保持其余点不变的情况下（1，1）点上移（或下移）一个单位。当然，也可以将（1，1）（0，0）点同时上移（或下移）一个单位。图 3-12（b）给出了空间变换后的真值表。图 3-12（c）是根据空间变换后的真值表设计的感知器网络的结构。图中网络结构简单，只有两个节点，但仍然是一个两计算层的感知器网络。隐层节点只有一个，其作用是将 x_1、x_2、x_3，输出节点为 3 输入 1 输出的感知器，其作用是实现图 3-12（a）中的分类超平面。

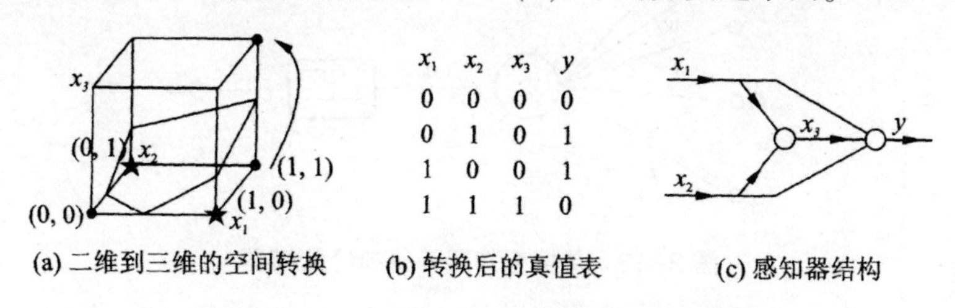

x_1	x_2	x_3	y
0	0	0	0
0	1	0	1
1	0	0	1
1	1	1	0

图 3-12　空间扩展，构造单隐层感知器

可见，如果将许多单个神经元进行组合成复杂的神经网络，将极大地提高神经网络的能力。遗憾的是除了异或等简单问题外，我们对绝大部分问题还没有找到设计最好神经网络结构的方法。

第二节　感知器的学习算法

一、学习算法

这里介绍的感知器的学习算法主要为单层感知器的学习算法。单层感知器的对权值向量的学习算法基于迭代的思想，通常采用纠正错误学习规则的学习算法。

为了方便起见，修改单层感知器的神经元模型将偏置 b 作为神经元突触权值向量的第一个分量加到权值向量中去，那么对应的输入向量也应该增加一项，可以设输入向量的第一个分量为+1，这样便可定义输入向量和权值向量，即

$$\boldsymbol{P}(n)=[+1,\ \boldsymbol{P}_1(n),\ \boldsymbol{P}_2(n)\cdots,\ \boldsymbol{P}_r(n)]^T \tag{3-7}$$

$$\boldsymbol{W}(n)=[\boldsymbol{b}(n),\ \boldsymbol{w}_1(n),\ \boldsymbol{P}_2(n)\cdots,\ \boldsymbol{P}_r(n)]^T \tag{3-8}$$

式中，n 表示迭代次数。由（3-7）式和（3-8）式可以推出线性组合的输出为：

$$\boldsymbol{v}(n)=\sum_{i=1}^{r}\boldsymbol{w}_i\boldsymbol{p}_i=\boldsymbol{w}^T(n)\boldsymbol{P}(n) \tag{3-9}$$

令（3-9）式为0，即 $\boldsymbol{wp}=0$ 可以得到在 r 维信号空间的单层感知器的判决超平面。

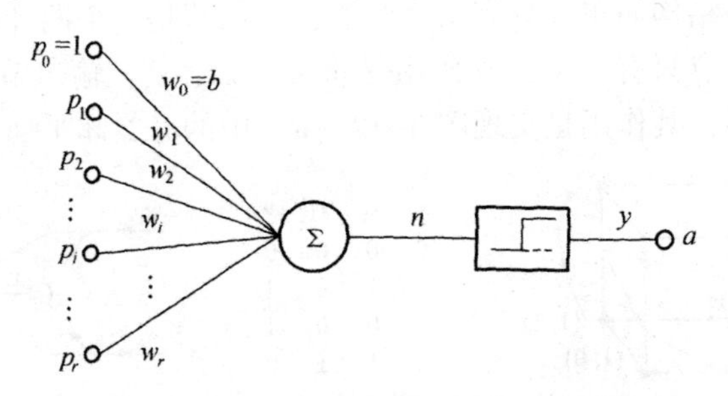

图 3-13　单层感知器等价神经元模型

上述学习算法如下：

(1) 定义变量和参数。

$\boldsymbol{P}(n)=[+1,\ \boldsymbol{P}_1(n),\ \boldsymbol{P}_2(n)\cdots,\ \boldsymbol{P}_r(n)]^T$ 为输入向量或称训练样本

$\boldsymbol{W}(n)=[\boldsymbol{b}(n),\ \boldsymbol{w}_1(n),\ \boldsymbol{w}_2(n)\cdots,\ \boldsymbol{w}_r(n)]^T$ 为权值向量。

式中，$\boldsymbol{b}(n)$ 表示偏置；$\boldsymbol{y}(n)$ 为实际输出；$\boldsymbol{d}(n)$ 为期望输出；$\boldsymbol{\eta}$ 为学习速率，是小于 1 的正数；n 表示迭代次数。

（2）初始化。$n=0$，将权值向量 $\boldsymbol{w}$ 设置为随机值或全零值。

（3）激活。对于一组输入样本 $\boldsymbol{P}(n)=[+1, \boldsymbol{P}_1(n), \boldsymbol{P}_2(n)\cdots, \boldsymbol{P}_r(n)]^T$，指定它的期望输出 d，即若 $w \in l_1$，$d=1$，若 $w \in l_2$，$d=-1$。

（4）计算实际输出

$$\boldsymbol{y}(n)=\text{sgn}[w^T(n)\boldsymbol{P}(n)] \tag{3-10}$$

（5）调整感知器的权值向量

$$\boldsymbol{w}(n+1)=\boldsymbol{w}(n)+\boldsymbol{\eta}[d(n)-y(n)]\boldsymbol{p}(n) \tag{3-11}$$

这里

$$\boldsymbol{d}(n)=\begin{cases}+1, & p(n \in l_1)\\ -1, & p(n \in l_2)\end{cases} \tag{3-12}$$

（6）判断是否满足条件。若满足条件，则算法结束；若不满足条件，则将 n 值增加 1，然后转到（3）重新执行。

在以上学习算法的步骤（6）需要判断收敛的条件。在计算时，收敛条件通常可以是：

（1）误差小于某个预先设定的较小值 ε，即

$$|\boldsymbol{d}(n)-\boldsymbol{y}(n)|<\varepsilon$$

（2）两次迭代之间的权值变化已经很小，即

$$|\boldsymbol{w}(n+1)-\boldsymbol{w}(n)|<\varepsilon$$

（3）设定最大迭代次数 M，当到达了 M 次之后算法就停止迭代。

单层感知器并不是对所有的二分类问题收敛，它只是对线性可分的问题收敛，如图 3-14（a）所示，即可通过学习，调整权值，最终找到合适的决策面，实现正确分类。对于线性不可分的两类模式，无法用一条直线区分两类模式，如图 3-14（b）所示，此时单层感知器的学习算法是不收敛的，无法实现正确分类。

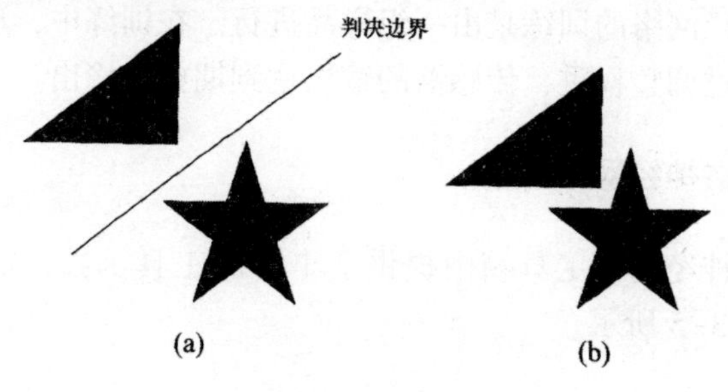

图 3-14　线性可分与不可分的问题

二、举例

例 3.4　某单计算节点感知器有 3 个输入，试根据以上学习规则训练该感知器。给定 3 对训练样本如下：

$$\boldsymbol{X}^1=(-1,\ 1,\ -2,\ 0)^T \quad d^1=-1$$
$$\boldsymbol{X}^2=(-1,\ 0,\ 1.5,\ -0.5)^T \quad d^2=-1$$
$$\boldsymbol{X}^3=(-1,\ -1,\ 1,\ 0.5)^T \quad d^3=1$$

解　设初始向量 $\boldsymbol{W}(0)=(0.5,\ 1,\ -1,\ 0)$，$\boldsymbol{\eta}=0.1$。

第一步，输入 X^1，得

$$\boldsymbol{W}(0)=(0.5,\ 1,\ -1,\ 0)(-1,\ 1,\ -2,\ 0)^T=2.5$$
$$o^1(0)=\mathrm{sgn}(2.5)=1$$
$$\begin{aligned}\boldsymbol{W}(1)&=\boldsymbol{W}(0)+\boldsymbol{\eta}[d^1-o^1(0)]X^1\\&=(0.5,\ 1,\ -1,\ 0)^T+0.1(-1,\ -1)(-1,\ 1,\ -2,\ 0)^T\\&=(0.7,\ 0.8,\ -0.6,\ 0)^T\end{aligned}$$

第二步，输入 $\boldsymbol{X}^2$，得

$$\boldsymbol{W}^T(1)\boldsymbol{X}^2=(0.7,\ 0.8,\ -0.6,\ 0)(-1,\ 0,\ 1.5,\ -0.5)^T=-1.6$$
$$o^2(1)=\mathrm{sgn}(-1.6)=-1$$
$$\begin{aligned}\boldsymbol{W}(3)&=\boldsymbol{W}(2)+\boldsymbol{\eta}[d^3-o^3(1)]\boldsymbol{X}^3\\&=(0.7,\ 0.8,\ -0.6,\ 0)^{\mathrm{T}}+0.1[1-(-1)](-1,\ -1,\ 1,\ 0.5)^{\mathrm{T}}\\&=(0.5,\ 0.6,\ -0.4,\ 0.1)^{\mathrm{T}}\end{aligned}$$

继续轮番输入 $\boldsymbol{X}^1$、$\boldsymbol{X}^2$、$\boldsymbol{X}^3$进行训练，直到 $d^p-O^p=0$，$p=1$，2，3。

第三节　感知器神经网络的 MATLAB 仿真实例

感知器神经网络的训练是由一组样品进行。在训练中，这些样品都是重复的，并通过调整权重，传感器的输出达到期望的输出。

一、感知器神经网络函数

MATLAB 神经网络工具箱中提供了丰富的工具函数，常用的单层感知器函数如表 3-5 所示。

表 3-5 MATLAB 中单层感知器常用工具箱函数与功能

函数名	功能
newp( )	生成一个感知器
hardlim( )	硬限幅激活函数
learnp( )	感知器的学习函数
train( )	神经网络训练函数
sim( )	神经网络仿真函数
mae( )	平均绝对误差性能函数
plotpv( )	在坐标图上绘出样本点
plotpc( )	在已绘制的图上加分类线

（一） newp( )

功能：创建一个感知器神经网络的函数。

格式：net=newp(PR,S,TF,LF)；

说明：net 为生成的感知器神经网络；PR 为一个 R2 的矩阵，由 R 组输入向量中的最大值和最小值组成；S 表示神经元的个数；TF 表示感知器的激活函数，缺省值为硬限幅激活函数 hardlim；LF 表示网络的学习函数，缺省值为 learnp。

（二） hardlim( )

功能：硬限幅激活函数。

格式：***A*** - hardlim（***N***）；

说明：函数 hardlim（***N***）在给定网络的输入矢量矩阵 ***N*** 时，返回该层的输出矢量矩阵 *A*。当 ***N*** 中的元素大于等于零时，返回的值为 1，否则为 0。也就是说，如果网络的输入达到阈值，则硬限幅传输函数的输出为 1，否则为 0。

（三） train( )

功能：神经网络训练函数。

格式：[net,tr,Y,E,Pf,Af]=train(NET,P,T,Pi,Ai,VV,TV)；

说明：net 为训练后的网络；tr 为训练记录；Y 为网络输出矢量；E 为误差矢量；Pf 为训练终止时的输入延迟状态；Af 为训练终止时的层延迟状态；NET 为训练前的网络；P 为网络的输入向量矩阵；T 表示网络的目标矩阵，缺省值为 0；Pi 表示初始输入延时，缺省值为 0；Ai 表示初始的层延时，缺省值为0；VV为验证矢量（可省略）；TV为测试矢量（可省略）。网络训练函数是一种通用的学习函数，训练函数重复地把一组输入向量应用到一个网络上，并每次都更新网络，直到达到了某种准则，停止准则可能是达到最大的学习步数、最小的误差梯度或误差目标等。

（四）sim( )

功能：对网络进行仿真。

格式：

(1) [Y，Pf，Af，E，perf] —sim(NET,P,Pi,Ai,T)；

(2) [Y，Pf，Af，E，perf] —sim(NET,{Q TS},Pi,Ai,T)；

(3) [Y，Pf，Af，E，perf] —sim(NET,Q,Pi,Ai,T)。

说明：Y为网络的输出；Pf表示最终的输入延时状态；Af表示最终的层延时状态；E为实际输出与目标矢量之间的误差；perf为网络的性能值；NET为要测试的网络对象；P为网络的输入向量矩阵；Pi为初始的输入延时状态（可省略）；Ai为初始的层延时状态（可省略）；T为目标矢量（可省略）。式（1）和式（2）用于没有输入的网络，其中Q为批处理数据的个数，TS为网络仿真的时间步数。

（五）mae( )

功能：平均绝对误差性能函数。

格式：perf=mae（E，w，pp）；

说明：perf表示平均绝对误差和，E为误差矩阵或向量（网络的目标向量和输出向量之差），w为所有权值和偏值向量（可忽略），pp为性能参数（可忽略）。

（六）plotpv( )

功能:绘制样本点的函数。

格式：

(1)plotpv(P,T)；

(2)plotpv(P,T,V)；

说明：P定义了n个2或3维的样本，是一个$2n$维或$3n$维的矩阵；T表示各样本点的类别，是一个以n的向量；V=[x_ min x_ max y_ min y_ max]为一设置绘图坐标值范围的向量。利用plotpv( )函数可在坐标图中绘出给定的样本点及其类别，不同的类别使用不同的符号。如果T只含一元矢量，则目标为0的输入矢量在坐标图中用符号“o”表示：目标为 1 的输入矢量在坐标图中用符号“+”表示。如果 T 含二元矢量，则输入矢量在坐标图中所采用的符号分别为：［0 0］用“o”表示；［0 1］用“+”表示：［1 0］用“ * ”表示；［1 1］用“×”表示。

二、仿真实例

例 3.5　设计一个感知器，将二维的四组输入矢量分成两类。

输入矢量为：P＝［ −0.5　−0.5　0.3　0；−0.5　0.5　−0.5　11］；

目标矢量为：T＝［1.0　1.0　0　0］；

解　根据感知器模型，本例中二维四组样本的分类问题，可等价描述为以下不等式组：

$$\begin{cases} t_1 = 1, \quad -0.5w_1 - 0.5w_3 + w_3 \geqslant 0 \\ t_2 = 1, \quad -0.5w_1 - 0.5w_3 + w_3 \geqslant 0 \\ t_3 = 0, \; 0.3w_1 - 0.5w_3 + w_3 < 0 \\ t_4 = 1, \; w_2 + w_3 < 0 \end{cases}$$

经过迭代和约简，可得到解的范围为

$$\begin{cases} w_1 < 0 \\ 0.8w_1 < w_2 < -w_1 \\ w_1/3 < w_3 < -w_1 \\ w_3 < -w_2 \end{cases}$$

一组可能的解为

$$\begin{cases} w_1 = -1 \\ w_2 = 0 \\ w_3 = -0.1 \end{cases}$$

而当采用感知器神经网络来对此题进行求解时，意味着采用具有阈值激活函数的神经网络。按照问题的要求设计网络的模型结构，通过训练网络权值$w=[w_{11}, w_{12}]$和阈值 B，并根据学习算法和训练过程进行程序编程，然后运行程序，让网络自行训练其权矢量，直至达到不等式组的要求。

这是一个单层感知器，网络的输入神经元数 s 和输出神经元数 r 分别由输入矢量 $\boldsymbol{P}$ 和目标矢量 $\boldsymbol{T}$ 唯一确定。网络的权矩阵的维数为 $\boldsymbol{W}_{s\times r}$，$\boldsymbol{B}_{s\times 1}$，权值总数为 $s\times r$ 个，偏差个数为 s 个。

感知器的学习、训练过程可由如下 MATLAB 程序完成：

```
%perceol. m
P= [-0.5 -0.5 0.3 0; -0.5 0.5 -0.5 1];
T= [1, 1, 0, 0];
Plotpv (P, T)
%初始化
[R, Q] =size (P);
[S, Q] =size (T);
W=rands (S, R);
B=rands (S, 1);
Max_ epoch=20;
%表达式
A=hardlim(W * P,B);              %求网络输出
for epoch=1:max_epoch            %开始循环训练、修正权值过程
%检查
If all(A= =T)                    %当 A=T 时结束
Epoch=epoch-1;
break
End
%学习
[dW, dB] =learnp(P,A,T)          %感知器学习公式
W=W+dW
B=B+dB
A=hardlim(W * P,B);              %计算权值修正后的网络输出
end
```

本例也可以在二维平面坐标中给出求解过程的图形表示。图 3-15 给出了横轴为 Pl，纵轴为 P2 的输入矢量平面，以及输入矢量 P 所处的位置。根据目标矢量将期望为 1 输出的输入分量用“+”表示，而目标为 0 输出的输入分量用“O”表示。

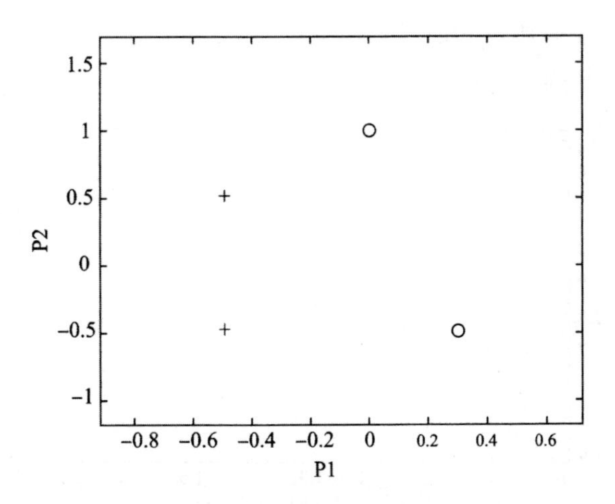

图 3-15　样本图像显示

例 3.6　两种蠓虫 Af 和 Apf 由 w. l. grogan 与 W. W. Wirth 生物学家（1981）根据触角长度和机翼长长度的区别。表 3-6 包含九个 Af 蠓和六个 APF 蠓和数据。根据触角的长度和翼的长度，可以识别 AF 或 APF。

（1）给定一只 Af 或者 Apf 族的蠓，如何正确地区分它属于哪一族？

（2）将上面区分的方法用于触角长和翼长分别为（1.24，1.80）、（1.28，1.84）和（1.40，2.04）的三个标本，区分出这三个标本是属于哪种蠓？

表 3-6　Af 蠓和 Apf 蠓标本数据

Af	触角长	1.24	1.36	1.38	1.378	1.38	1.40	1.48	1.54	1.56
	翼长	1.72	1.74	1.64	1.82	1.90	1.70	1.70	1.82	2.08
Apf	触角长	1.14	1.18	1.20	1.26	1.28	1.30	_		
	翼长	1.78	1.96	1.86	2.00	2.00	1.96	_		

解　（1）由题知，输入向量为

X= [1.24 1.36 1.38 1.378 1.38 1.40 1.48 1.54 1.56 1.14 1.18 1.20 1.26 1.281.30；1.72 1.74 1.64 1.82 1.90 1.70 1.70 1.82 2.08 1.78 1.96 1.86 2.00 2.00 1.96]

目标向量，即输出向量为

O= [1 1 1 1 1 1 1 1 1 0 0 0 0 0 0]

然后将输入输出向量显示出来，输入命令：

plotpv（X，O）；

则得出图形如图 3-16 所示，输出值 1 对应的用“+”、输出值 0 对应的用

“o”来表示：为解决该问题，利用函数 newp 构造输入量在［0，2.5］之间的感知器神经网络模型：

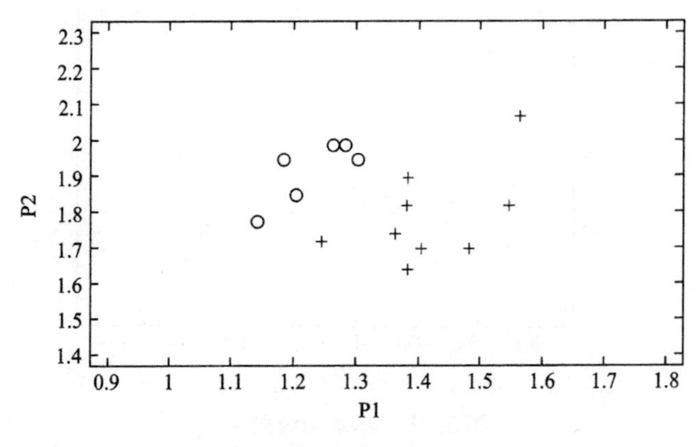

图 3-16　样本图形显示

net=newp｛［0 2.5；0 2.5］，1｝；

初始化网络；

net =init(net)；

利用函数 adapt 调整网络的权值和阈值，直到误差为 0 时训练结束：

［net，y，e］=adapt（net，X，O）；

训练结束后可得如图 3-17 所示的类方式，可见感知器网络将样本正确地分成两类。

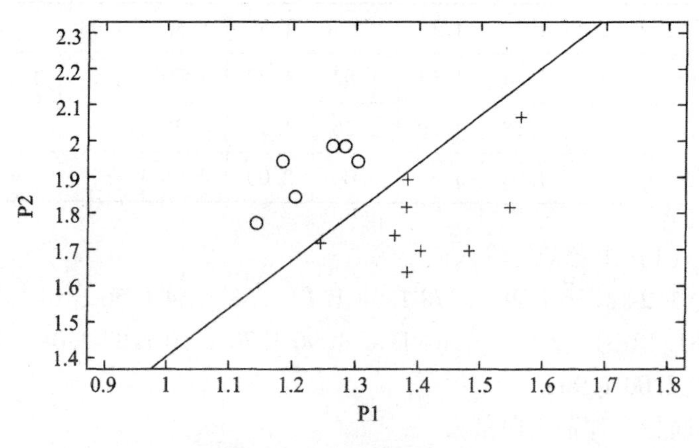

图 3-17　网络训练结果

（1）感知器网络训练结束后，可以利用函数 sim 进行仿真，解决实际的分类问题。运行以下程序：

net=newp｛［0 2.5；0 2.5］，1｝；

初始化网络;

net =init (net);

利用函数 adapt 调整网络的权值和阀值，直到误差为 0 时训练结束:

[net, y, e] =adapt (net, X, O);

由该结果可知:(1.24, 1.80)(1.28, 1.84)(1.40, 2.04)这三个标本都是属于 Apf 蠓。

可见，单层器神经网络可以很好地解决线性可分类问题，尤其运用 MATLAB 的感知器神经网络函数可以方便且快速地解决此类问题。

第四节　基于感知器神经网络的 PID 控制

一、PID 控制基本原理

PID 控制器是一种线性控制器，它根据给定值 y_d (t) 与实际输出值 y (t)构成控制偏差

$$errot(t) = y_d(t) - y(t)$$

PID 的控制规律为:

$$u(t) = k_p\left[error(t) + \frac{1}{T_1}\int_0^t error(t)dt + \frac{T_D derro(t)}{dt}\right]$$

或写成传递函数的形式:

$$G(s) = \frac{U(s)}{E(s)} = k_p(1 + \frac{1}{T_S} + T_D S)$$

式中，k_p为比例系数; T_I为积分时间常数; T_D为微分时间常数。

二、基于单神经元网络的 PID 智能控制

(一) 单神经元自使用 PID 控制

单神经元自适应 PID 控制的结构如图 3-18 所示。

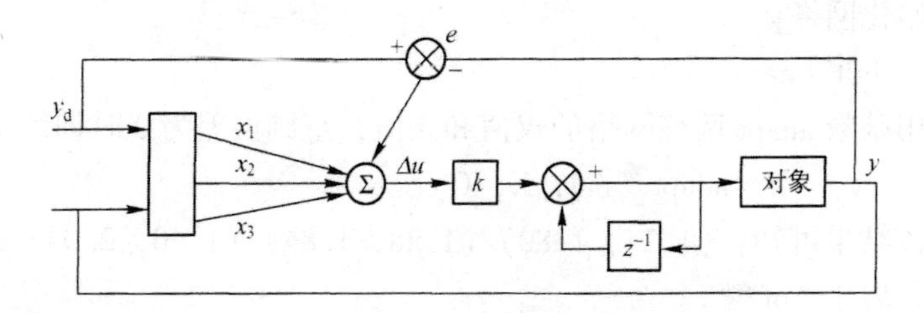

图 3-18　单神经元自适应 PID 控制结构

控制算法与学习算法为

$$u(k)=u(k-1)+K\sum_{i=1}^{3}w'_i(k)x_i(k)$$

$$w'_i(k)=w_i(k)/\sum_{j=1}^{3}|w_i(k)|$$

$$w_1(k)=w_1(k-1)+\eta_I z(k)u(k)x_1(k)$$

$$w_2(k)=w_2(k-1)+\eta_p z(k)u(k)x_2(k)$$

$$w_3(k)=w_3(k-1)+\eta_p z(k)u(k)x_3(k)$$

式中，$x_1(k)=e(k)$；$x_2(k)=e(k)-e(k-1)$；$x_3(k)=\Delta^2e(k)-2e(k-1)+e(k-2)$；$z(k)=e(k)$；$\eta_I$、$\eta_P$、$\eta_D$ 分别为积分、比例、微分的学习速率；K 为神经元的比例系数，$K>0$。

对积分 I、比例 P 和微分 D 分别采用了不同的学习速率 η_I、η_P 和 η_D 以便对不同的权系数分别进行调整。K 值的选择是非常重要的。K 越大，越快越好，但过冲很大，甚至可能使系统不稳定。当被控对象的时延增大时，必须减小 K 值，以保证系统的稳定性。K 值选择过小，会使系统不那么快。

（二）改进的单神经元自适应 PID 控制

单神经元自适应控制有许多改进方法。在大量实际应用中，通过实践证明 PID 参数在线学习修正主要与 $e(k)$ 和 $\Delta e(k)$ 有关。将其中的 $x_i(k)$ 改为 $e(k)+\Delta e(k)$，改进后的算法表达如下：

$$u(k)=u(k-1)+K\sum_{i=1}^{3}w_i(k)x_i(k)$$

$$w_i(k)=w_j(k)/\sum_{j=1}^{3}|w_j(k)|$$

$$w_1(k)=w_1(k-1)+\eta_I z(k)u(k)[e(k)+\Delta e(k)]$$

$$w_2(k)=w_2(k-1)+\eta_I z(k)u(k)[e(k)+\Delta e(k)]$$

$$w_3(k)=w_3(k-1)+\eta_I z(k)u(k)[e(k)+\Delta e(k)]$$

式中，$\Delta e(k)=e(k)-e(k-1)$；$z(k)=e(k)$。

（三）仿真实例

被控对象为：

$$y(k) = 0.368y(k-1) + 0.26y(k-2) + 0.10u(k-1) + 0.632u(k-2)$$

输入指令为一方波信号：$y_d(k) = 0.5\text{sgn}[\sin(4\pi t)]$，采样时间为 1 ms，采用四种控制律进行单神经元 PID 控制，即无监督的 Hebb 学习规则、有监督的 Delta 学习规则，有监督的 Hebb 学习规则，改进的 Hebb 学习规则，跟踪结果如图 3-19 至图 3-22 所示。

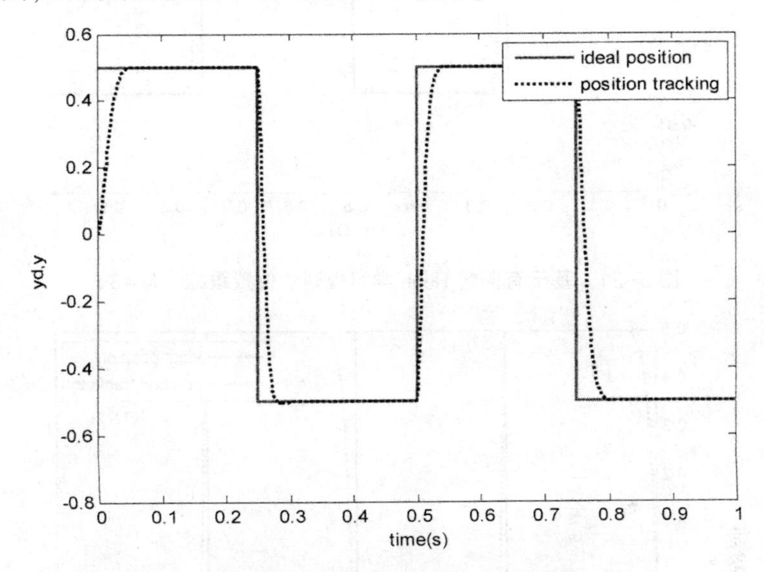

图 3-19　基于无监督 Hebb 学习规则的位置跟踪（M=1）

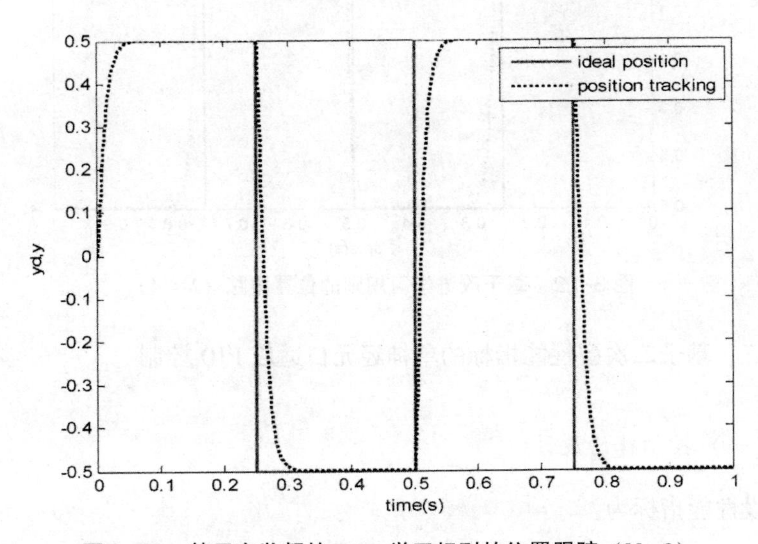

图 3-20　基于有监督的 Delta 学习规则的位置跟踪（M=2）

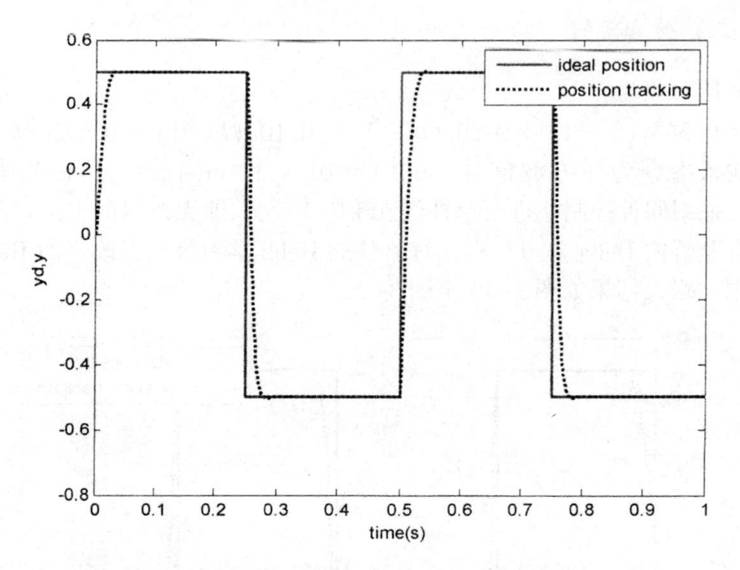

图 3-21　基于有监督 Hebb 学习规则的位置跟踪（M=3）

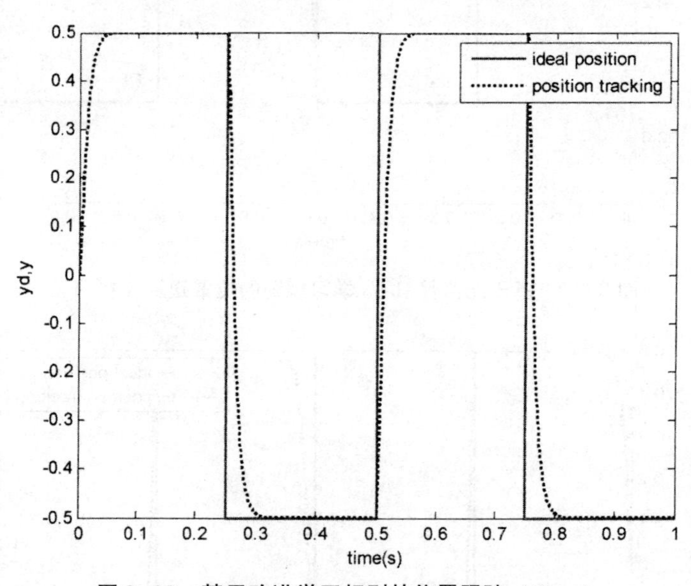

图 3-22　基于改进学习规则的位置跟踪（M=4）

三、基于二次型性能指标的单神经元自适应 PID 控制

（一）控制律的设计

设性能指标为：

$$E(k)=\frac{1}{2}\{P[y_d(k)-y(k)]^2+Q\Delta^2u(k)\}$$

式中，P 和 Q 分别为输出误差和控制增量的加权系数；$y_{\mathrm{d}}(k)$ 和 $y(k)$ 分别为 k 时刻的参考输入和输出。

神经元的输出为：

$$u(k)=u(k-1)+k\sum_{i=1}^{3}w'_i(k)x_i(k)$$

$$w'_i(k)=w_i(k)/\sum_{i=1}^{3}|w_i(k)| \quad (i=1,2,3)$$

$$w_1(k)=w_1(k-1)+\eta_I K\left[Pb_0z(k)x_1(k)-QK\sum_{i=1}^{3}[w_i(k)x_i(k)]x_1(k)\right]$$

$$w_2(k)=w_2(k-1)+\eta_P K\left[Pb_0z(k)x_2(k)-QK\sum_{i=1}^{3}[w_i(k)x_i(k)]x_2(k)\right]$$

$$w_3(k)=w_3(k-1)+\eta_D K\left[Pb_0z(k)x_3(k)-QK\sum_{i=1}^{3}[w_i(k)x_i(k)]x_3(k)\right]$$

式中，b_0为输出响应的第一个值，且

$$x_1(k)=e(k) \qquad x_2(k)=e(k)-e(k-1)$$

$$x_3(k)=\Delta^2e(k)=e(k)-2e(k-1)+e(k-2) \qquad z(k)=e(k)$$

（二）仿真实例

设被控对象过程模型为：

$$y(k)=0.368y(k-1)+0.264y(k-2)+u(k-d)+0.632u(k-d-1)+\zeta(k)$$

神经元自适应 PID 跟踪及中权值变化结果如图 3-23 和图 3-24 所示。

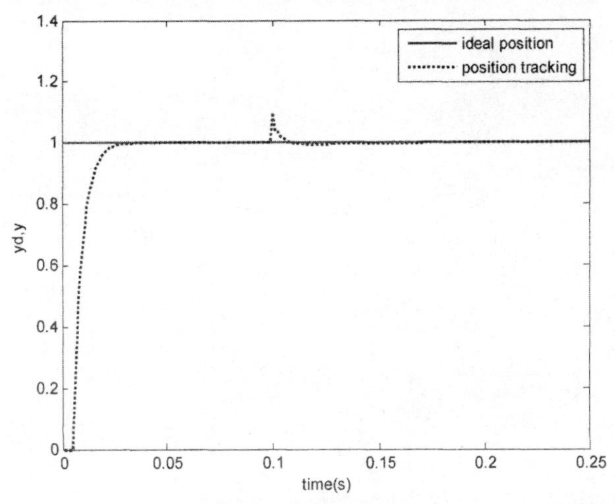

图 3-23　二次型性能指标学习单神经元自适应 PID 位置跟踪

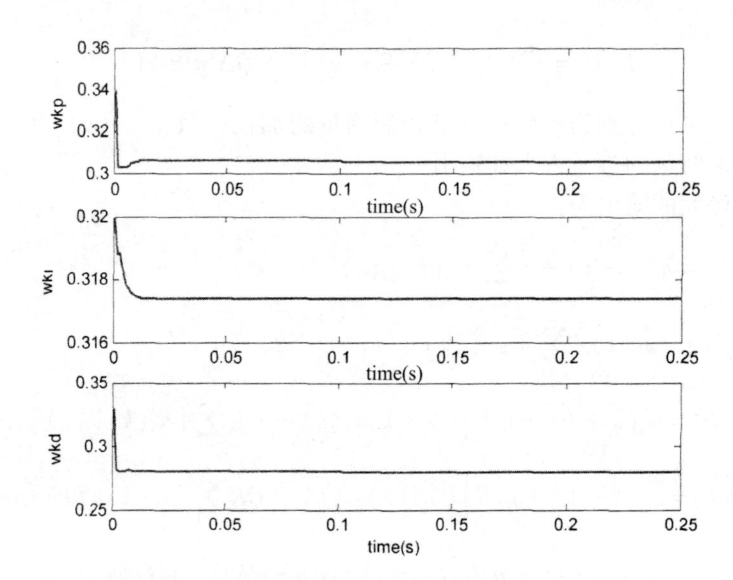

图 3-24　单神经元 PID 控制过程中权值变化

第四章　BP 神经网络及其控制应用

BP（Back Propagation）神经网络是 1986 年由 Rumelhart 和 Mc Celland 为首的科学家提出的概念，是一种误差反向传播算法训练的多层前馈神经网络，是目前应用最广泛的一种神经网络。

第一节　BP 神经网络模型及结构

一、BP 神经网络模型

一个基本的 BP 神经元模型如图 4-1 所示，它有 R 个输入，每个输入通过适当的权重 w 连接到下一层，网络输出可以表示为

$$a = f(wp + b)$$

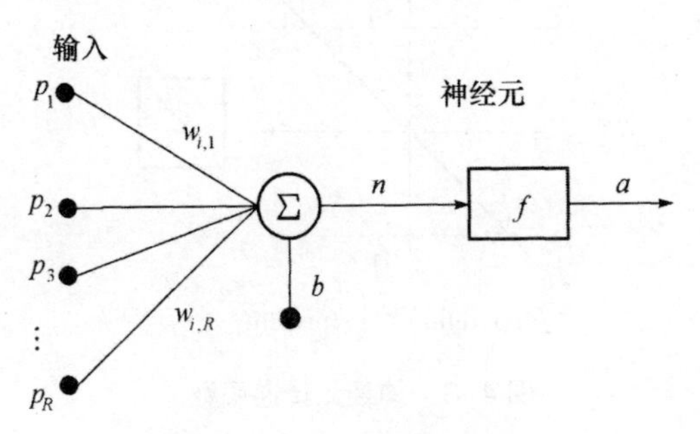

图 4-1　BP 神经元模型

式中，f 就是表示输入/输出关系的传递函数。

BP 神经网络模型如图 4-2 所示。

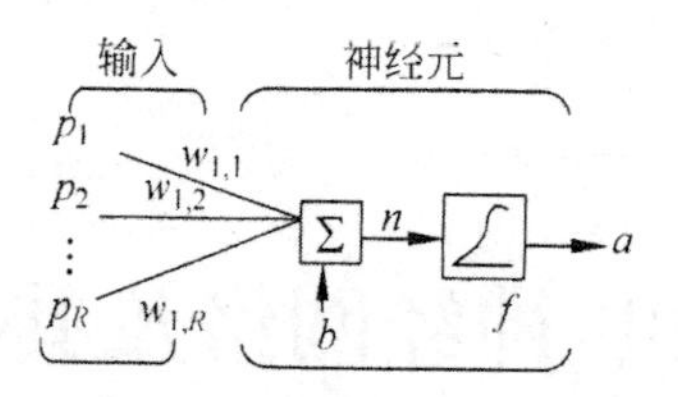

图 4-2　BP 神经元的一般模型

它的输出是

$$a = \text{logsig}\ (Wp + b)$$

BP 网络中隐含层神经元的传递函数通常用 sigmoid 函数或线性函数。根据输出值是否包含负数，Sigmoid 函数又分为 Log-sigmoid 型函数和 Tan-sigmoid 型函数。Log-sigmoid 型函数 Logsig-Tan-Sigmoid 型函数 Tansig 以及纯线性函数 Purelin，其传递函数如图 4-3 所示。

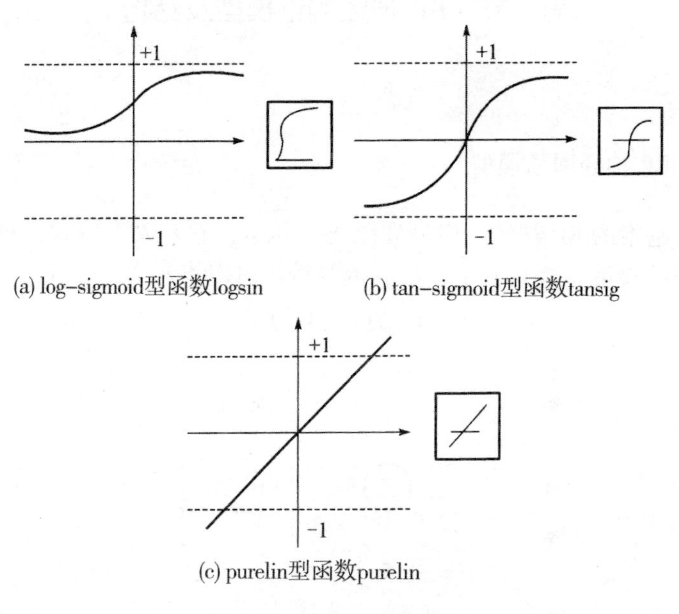

(a) log-sigmoid型函数logsin　(b) tan-sigmoid型函数tansig

(c) purelin型函数purelin

图 4-3　神经元传递函数

利用 BP 神经网络的传递函数是可微的单调增加的函数（图 4-4）。BP 网络的训练过程中，logsin，Tansig 的 purelin 导数计算的功能是非常重要的，神经网络工具箱提供的 dlogsig，dtangsig，dpurelin 顺序的功能，这些功能通常用于 BP 神经网络的设计。如果用户需要在实际应用中使用其他功能，则可以自定义，并且 MATLAB 系统提供了丰富的扩展功能。

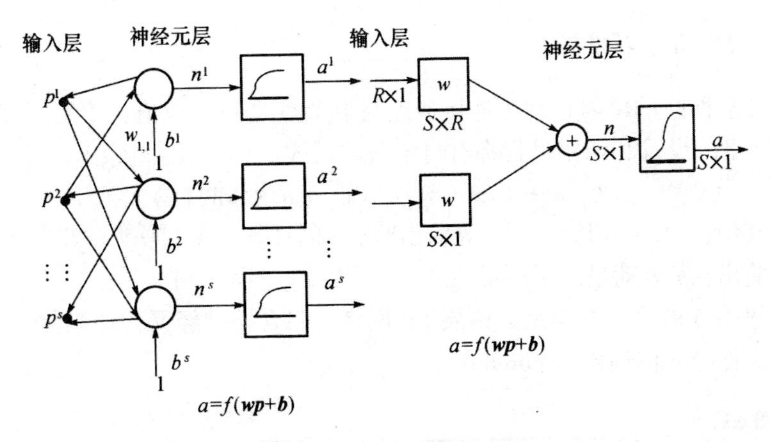

图 4-4　BP 网络结构

二、BP 神经网络结构

（一）节点输出模型

隐节点输出模型为

$$O_j = f(\sum W_{ij} \times X_i - q_j)$$

输出节点输出模型为

$$Y_k = F(\sum T_{JK} \times O_j - q_k)$$

其中，f 为非线形作用函数；q 为神经单元阈值。

（二）作用函数模型

作用函数反映较低的输入脉冲对上节点刺激的强度函数，也被称为刺激函数，通常为（0，1）内连续取值 Sigmoid 函数：

$$f(x) = \frac{1}{1 + e}$$

（三）误差计算模型

误差计算模型是反映神经网络期望输出与计算输出之间误差大小的函数。

$$E_q = \frac{1}{2} \times \sum (t_{pi} - O_{pi})$$

其中，t_{pi} 为节点的期望输出值；O_{pi} 为节点计算输出值。

（四）自学习模型

神经网络的学习过程是连接节点与上节点之间的权值，拒绝矩阵、w 和 j 网络的设置和纠错过程都有自学习的模式：

$$\Delta W_{ij}(n+1)=h\times\phi_i\times O_j+a\times\Delta W_{ij}(n)$$

其中，h 为学习因子；ϕ_i 为输出节点 i 的计算误差；O_j 为输出节点 j 的计算输出；a 为动量因子。

图 4-5 就是一个典型的两层 BP 网络，隐含层神经元传递函数 tansig，输出层神经元传递函数 purelin。

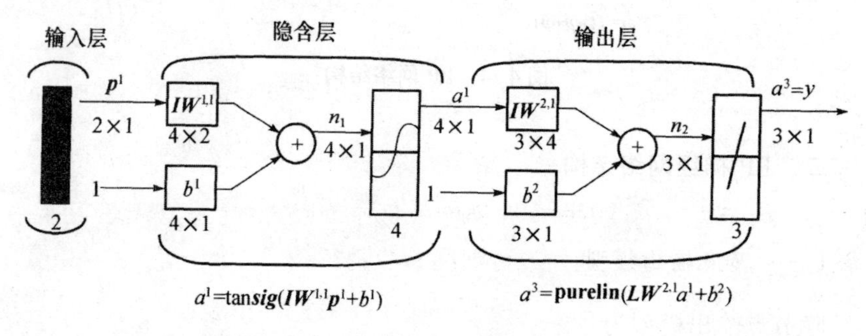

图 4-5　两层 BP 网络结构

第二节　BP 神经网络的算法与 BP 网络推导

一、BP 神经网络算法

在确定了 BP 神经网络的结构后，要通过输入和输出样本集对网络进行训练，亦即对网络的权值和阙值进行修正和学习，以使网络实现给定的输入输出映射关系。

BP 的学习分为两个阶段：第一个阶段是输入已知学习样本，通过设置的网络结构和前一次迭代的权值和阈值，从网络第一层向后计算各神经元的输出；第二个阶段是对权值和阈值进行修改，从最后一层开始向前计算各个权值和阈值对总误差的影响（梯度），据此对各个权值和阈值进行修改。

以上两个过程反复交替，直待达到收敛为止。由于误差逐层往回传递，以修正层与层间的权值和阈值，所以称该算法为误差反向传播学习算法，这种误差反向传播学习算法可以推广到有若干个中间层的多层网络，因此该多层网络通常称之为 BP 神经网络。标准的 BP 算法和 W-H 学习规则一样是一种梯度下降学习算法，其权值的修正是沿着误差性能函数梯度的反方向进行的。针对标准 BP 算法存在的不足，出现了几种基于标准 BP 算法的改进方法，如变梯度算法、牛顿算法等。

（一）SDBP 算法

（1）最速下降 BP 算法。最速下降 BP 算法，k 是迭代的次数，然后各层的权值和阈值进行修正，即

$$\boldsymbol{x}(k+1)=\boldsymbol{x}(k)-\boldsymbol{ag}(k) \tag{4-1}$$

式中，$\boldsymbol{x}(k)$ 表示第 k 次迭代各层之间的连接权向量和阈值向量；$\boldsymbol{g}(k)=\frac{\partial \boldsymbol{E}(k)}{\partial \boldsymbol{X}(k)}$ 表示第 k 次迭代的神经网络输出误差对各个权值和阈值的梯度向量；负号表示梯度的反方向，即梯度的最速下降方向；a 表示学习速率，其默认值为 0.01，可以通过改变训练参数进行设置。$\boldsymbol{E}(k)$ 表示第克次迭代的网络输出的总误差性能函数，在神经网络工具箱中，BP 神经网络误差性能函数默认值为均方误差 MSE，以二层 BP 神经网络为例，只有一个输入样本时，有

$$\boldsymbol{E}(k)=\boldsymbol{E}\left[e^2(k)\right]\approx\frac{1}{S^2}\sum\left[t^2-a^2(k)\right]^2 \tag{4-2}$$

$$\begin{aligned}a^2(k)&=f^2\left\{\sum_{j=1}^{s^2}\left[w_{i,j}^2(k)a_i^1(k)-b_i^2(k)\right]\right.\\&=f^2\left\{\sum_{j=1}^{s^2}\left[w_{i,j}{}^2(k)f^1\left(\sum_{j=1}^{s^1}\left[iw_{i,j}^1(k)p_i+ib_i^1(k)\right]\right)\right]\right\}\end{aligned} \tag{4-3}$$

若有 n 个输入样本

$$\lim_{t\to\infty}\|x(t;\ x_0,\ t_0)-x^*\|=0 \tag{4-4}$$

根据式（4-2）或式（4-4）和各层的传输函数，可以求出第 k 次迭代的总误差曲面的梯度 $\boldsymbol{g}(k)=\frac{\partial E(k)}{\partial X(k)}$ 代入式（4-1）便可以逐次修正其权值和阈值，并使总的误差向减小的方向变化，直到达到所要求的误差性能为止。

从上述过程可以看出，权值和阈值的修正是在所有样本输入之后，计算其总的误差曲面后进行的，这种修正方式称为批处理。在样本数比较多

时，批处理方式比分别处理方式的收敛速度更快。

（2）最速下降 BP 算法的误差曲面。如图 4-6 所示的 BP 神经网络，其权值空间的维数为

$$\boldsymbol{n}_w = \boldsymbol{R} \times \boldsymbol{S}^1 + \boldsymbol{S}^2 \times \boldsymbol{S}^1 \tag{4-5}$$

阈值空间的维数为

$$\boldsymbol{n}_b = \boldsymbol{S}^1 + \boldsymbol{S}^2 \tag{4-6}$$

根据式（4-2）~式（4-6）可以看出，若要同时调整所有的权值和阈值，则误差函数的空间维数为

$$\boldsymbol{n}_E = \boldsymbol{n}_w + \boldsymbol{n}_b = \boldsymbol{R} \times \boldsymbol{S}^1 + \boldsymbol{S}^2 \times \boldsymbol{S}^1 + \boldsymbol{S}^2 \tag{4-7}$$

一般来说 $\boldsymbol{n}_E>2$，所以误差曲面是一个具有复杂形状的 $\boldsymbol{n}_E$ 维超曲面，无法在三维空间表示出来，当然可以只让其中的二维变量改变，而固定其他维的变量，画出关于该二维变量的误差曲面图形。对于单个神经元，在 MATLAB 中其误差曲面可以由函数 errsurf 直接绘制。

因为 BP 神经元的传递函数是非线性函数，所以其误差函数往往有多个极小点。如果误差曲面有两个极小点 m 和 n，则当学习过程中，如果误差先到达局部极小点 m 点，在该点的梯度为 0，则根据式（4-1）将无法继续调整权值和阈值，学习过程结束，但尚未达到全局最小点。

另外一种情况是学习过程发生振荡，误差曲面在 m 点和 n 点的梯度大小相同，但方向相反，如果第 k 次学习使误差落在 m 点和，z 点重复进行，而第 k+1 次学习又恰好使误差落在 n 点，那么按式（4-1）进行的阈值和权值调整，将在 m 点和 n 点重复进行，从而形成振荡。

从上面分析可以看出，最速下降 BP 算法可以使权值和阈值向量得到一个稳定的解，但是存在一些缺点，如收敛速度较慢，网络限于局部极小，学习过程常常发生振荡等。

（二）MOBP 算法

动量 BP 算法（Momentum BackPropagation，MOBP）是在梯度下降算法的基础上引入动量因子 $\eta(0 < \eta < 1)$，即

$$\Delta x(k+1) = \eta \Delta x(k) + a(1-\eta)\frac{\partial E(k)}{\partial X(k)} \tag{4-8}$$

$$x(k+1) = x(k) + \Delta x(k+1) \tag{4-9}$$

该算法基于前一次的修正结果来影响本次修正量，当前一次的修正量过大时，式（4-8）等式右边第二项的符号将与前一次修正量的符号相反，从而使本次的修正量减小，起到减小振荡的作用；当前一次的修正量过小时，式（4-8）等式右边第二项的符号将与前一次修正量的符号相

同，从而使本次的修正量增大，起到加速修正的作用。可以看出，动量 BP 算法，总是力图使在同一梯度方向上的修正量增加。动量因子越大，同一梯度方向上的“动量”也就越大。

在动量 BP 算法中可以采用较大的学习速率，而不会造成学习过程的发散。因为当修正过量时，动量 BP 算法总是可以修正减小量，以保持修正方向向着收敛的方向进行；另一方面，动量 BP 算法总是加速同一方向的修正量。上述两个方向表明，在保证算法稳定的同时，动量 BP 算法的收敛速率较快，学习时间较短。

（三）VLBP 算法

学习速率可变的 BP 算法（Variable Leaming rare Backpropagation，VLBP）。为了减少误差方法往往趋于目标。说明修正方向正确，可以逐步增加，因此增量学习率乘以因子 k_{inc}，学习速率增大；当误差增加超过预定值，学习率乘以折减系数 k_{dec}，降低了学习率，同时给出了误差增加步校正过程之前，即

$$a(k+1)=\begin{cases}k_{inc}a(k), & E(k+1)<E(k)\\ k_{dec}a(k), & E(k+1)>E(k)\end{cases} \tag{4-10}$$

（四）RPROP 算法

多层 BP 网络的隐含层一般采用传输函数 sigrnoid，它把一个取值范围为无穷大的输入变量，压缩到一个取值范围有限的输入变量中。函数 sigmoid 具有这样的特性：当输入变量的取值很大时，其斜率趋于零。这样在采用最速下降 BP 法训练传输函数为 sigmoid 的多层网络时就带来一个问题，尽管权值和阈值离最佳值相差甚远，但此时梯度的幅度非常小，导致权值和阈值的修正量也很小，这样就使训练的时间变得很长。

弹性算法（Resilient back-PROPagation，RPROP）的目的是消除梯度幅度的不利影响，所以在进行权值的修正时，仅仅用到偏导数的符号，而其幅值却不影响权值的修正，权值大小的改变取决于与幅值无关的修正值。当连续两次迭代的梯度方向相反时，可将权值和阈值的修正值乘以一个增量因子，使其修正值增加；当连续两次迭代的梯度方向相反时，可将权值和阈值的修正值乘以一个减量因子，使其修正值减小；当梯度为零时，权值和阈值的修正值保持不变；当权值的修正发生振荡时，其修正值将会减小。如果在相同的梯度上连续被修正，则幅度必将增加，从而克服了梯度幅度偏导的不利影响，即

$$\Delta x(k+1)=\Delta x(k)\cdot \mathrm{sign}[g(k)]$$
$$=\begin{cases}\Delta x(k)\cdot k_{jdec}\cdot \mathrm{sign}[g(k)]\\ \Delta x(k)\cdot k_{jdec}\cdot \mathrm{sign}[g(k)]\\ \Delta x(k),\ g(k)=0\end{cases} \tag{4-11}$$

式中,$g(k)$表示第后次迭代的梯度;$\Delta x(k)$表示权值或阈值第后次迭代的幅度修正值,其初始值$\Delta x(0)$是用户设置的;增量因子k_{inc}和减量因子k_{dec}也是用户设置的。

（五）CGBP 算法

所有梯度算法（Conjugate Gradient BackPropagation，CGBP）的第一次迭代都是从最陡下降方向开始的。

$$p(0)=-g(0) \tag{4-12}$$

然后，决定最佳距离的线性搜索沿着当前搜索的方向进行，即

$$x(k+1)=x(k)+ap(k) \tag{4-13}$$

$$p(k)=-g(k)+\beta(k)p(k-1) \tag{4-14}$$

式中，p（k）表示第 k+l 次迭代的搜索方向。

公式（4-14）是由 k_c 产生的梯度和方向搜索。在不同的梯度计算方法中，系数 p（k）有不同的计算方法。

（1）Fletcher-Reeves 修正算法。Fletcher-Reeves 修正算法是由 R. Fletcher 和 C. M. Reeves 提出的，在式（4-14）中，系数 p（k）定义为

$$\beta(k)=\frac{g^T(k)g(k)}{g^T(k-1)g(k-1)} \tag{4 - 15}$$

（2）Polak-Ribiere 修正算法。Polak-Ribiere 修正算法是由 Polak 和 Ribiere 提出的，在式（4-14）中系数 β（k）定义为此时 Fletcher-Reeves 修正算法就演变成 Polak-Ribiere 修正算法，它们的算法性能相差无几，但 Polak-Ribiere 修正算法存储空间比 Fletcher-Reeves 修正算法略大。

$$\beta(k)=\frac{\Delta g^T(k-1)g(k)}{g^T(k-1)g(k-1)} \tag{4-16}$$

（3）Powell-Beale 复位算法。所有变量的梯度算法，其搜索方向将定期被重置为负梯度方向，通常出现在一些减少迭代次数和网络参数（权重和阈值）相等的地方，为了提高培训效果，其他还原算法被提出，包括 Powell-Beale 是 Powell 和 Beale first 提出的约简算法。在这个算法中，如果梯度满足

$$|g^T(k-1)g(k)|\geqslant 0.2\|g(k)\|^2 \tag{4-17}$$

则搜索方向被复位成负梯度方向,即$p(k)=-g(k)$。

（4）SCG（Scaled Conjugate Gradient）算法。迄今为止，各种梯度算法都讨论了在每次迭代中确定线性搜索方向的需要、计算出的线性搜索方向的代价很大，因为每次我们需要搜索所有训练样本来计算网络的响应时间。SCG 算法的一种改进算法提出的算法，不在每一次迭代需要线性搜索，从而避免了耗时的计算问题。该模型的基本思想是模型信赖区间逼近原理。①

（六）拟牛顿算法（Quasi-Newton algorithms）

牛顿方法是一种基于二阶泰勒级数的快速优化算法。其方法是

$$x(k+1) = x(k) - A^{-1}(k)g(k)$$

式中，$A(k)$表示误差性能函数在当前权值和阈值下的 Hessian 矩阵即

$$A(k) = \Delta^2 F(x)\Big|_{x=x(k)}$$

（七）LM（Levenberg-Marquardt）算法

LM 算法与拟牛顿算法一样，是为了在以近似二阶训练速率进行修正时避免计算 Hessian 矩阵而设计的。当误差性能函数具有平方和误差的形式时，Hessian 矩阵可以近似表示为：

$$\boldsymbol{H} = J^T J$$

此时梯度的计算公式为：

$$g = J^T e$$

式中，J 是雅可比矩阵，它的元素是网络误差对权值和阈值的一阶导数；e 是网络的误差向量。

雅可比矩阵可以通过标准的前向型网络技术进行计算，比 Hessian 矩阵的计算要简单得多。类似于牛顿算法，LM 算法对上述近似 Hessian 矩阵按照下式进行修正：

$$x(k+1) = x_{(k)} - [J^T J + \mu I]^{-1} J^T e$$

当标量 μ 等于 0 时，该算法与牛顿法算法相同；当 μ 增大时，梯度的递减量减小。因此，当网络的误差减小时，减小 μ 的值；当网络的误差要增大时，增大 μ 的值。这样就保证了网络的性能函数值始终在减小。

LM 算法是为了训练中等规模的前向型神经网络（多达数百个连接权值）而提出的最快速算法，在 MATLAB 中 LM 算法很容易实现。

---

① 闻新，李新，张兴旺．应用 MATLAB 实现神经网络［M］．北京：国防工业出版社，2015，第 103 页．

二、BP 神经网络的推导

设一个三层 BP 网络，输入节点 x_i；隐含层节点 y_j；输出节点 Z_k。输入节点与隐含层节点间的网络权值为 W_{ij}，隐含层节点与输出节点间的网络权值为 T_{li}。当输出节点的期望输出为 t_i 时，BP 模型的计算公式如下，BP 模型的计算公式如下：

（1）隐含层节点的输出为：

$$y_j = f\left(\sum_i w_{ij}x_i - \theta_j\right) = f(net_i)$$

$$net_i = \sum_i w_{ij}x_i - \theta_j$$

（2）输出节点的计算输出为：

$$z_k = f\left(\sum_j T_{li}y_j - \theta_j\right) = f(net_i)$$

$$net_i = \sum_j T_{li}y_j - \theta_j$$

（3）输出节点的误差为：

$$E = \frac{1}{2}\sum_l (t_l - z_k) = \frac{1}{2}\sum_l \left[t_l - f(\sum_j T_{li}y_j - \theta_j)\right]^2$$

$$= \frac{1}{2}\sum_l \left\{t_l - f\left[\sum_j T_{li}f(\sum_j w_{ij}x_i - \theta_j) - \theta_j\right]\right\}^2$$

（一）误差函数对输出节点公式的推导

$$\frac{\partial E}{\partial T_{li}} = \sum_{k=1}^{n} \frac{\partial E}{\partial z_m} \times \frac{\partial z_m}{\partial T_{li}} = \frac{\partial E}{\partial z_k} \times \frac{\partial z_k}{\partial T_{li}}$$

式中，E 是多个 Z_m 的函数，但只有一个 Z_k 与 T_{li} 有关，各 Z_m 间相互独立。式中

$$\frac{\partial E}{\partial z_k} = \frac{1}{2}\sum_m -2(t_m - z_m) \times \frac{\partial z_m}{\partial z_k} = -(t_l - z_k)$$

$$\frac{\partial z_k}{\partial_{Tli}} = \frac{\partial z_k}{\partial \mathrm{net}_I} \times \frac{\partial \mathrm{net}_I}{\partial T_{li}} = f'(\mathrm{net}_l) \times y_i$$

则

$$\frac{\partial E}{\partial T_{li}} = -(t_I - z_k) \times f'(net_l) \times y_i$$

设输入节点误差为

$$\delta = -(t_I - z_k) \times f'(net_l)$$

则

$$\frac{\partial E}{\partial T_{li}} = -\delta_l y_l$$

（二）误差函数对隐含层节点公式的推导

$$\frac{\partial E}{\partial T_{li}} = \sum_k \sum_j \frac{\partial E}{\partial z_k} \frac{\partial z_k}{\partial y_j} \frac{\partial y_j}{\partial w_{ij}}$$

式中，E 是多个 Z_k 的函数，针对某一个 W_{ij}，对应一个 Y_i，它与所有 Z_k 有关（上式只存在对 k 的求和）。

$$\frac{\partial E}{\partial z_k} = \frac{1}{2} \sum_m -2(t_m - z_m) \times \frac{\partial z_m}{\partial z_k} = -(t_l - z_k)$$

$$\frac{\partial z_k}{\partial y_j} = \frac{\partial z_m}{\partial net_i} \times \frac{\partial net_i}{\partial \partial y_j} = f'(net_l) \times \frac{\partial net_i}{\partial y_j} = f'(net_l) \times T_{li}$$

$$\frac{\partial y_j}{\partial w_{ij}} = \frac{\partial y_j}{\partial net_i} \times \frac{\partial net_i}{\partial w_{ij}} = f'(net_l) \times x_i$$

则

$$\frac{\partial E}{\partial W_{ij}} = -\sum_k (t_l - z_k) f'(net_l) \times T_{li} \times f'(net_l) \times x_i$$

$$= -\sum_i \delta_i T_{li} f'(net_i) \times x_i$$

设隐含层节点误差为：

$$\delta' i = f'(net_i) \times \sum_i \delta_i T_{li}$$

则

$$\frac{\partial E}{\partial w_{ij}} = -\delta' j x_i$$

由于权值的修正 ΔT_{li} 、ΔW_{ij} 正比于误差函数沿梯度下降，则有

$$\delta' i = f'(net_i) \times \sum_i \delta_i \Delta T_{li} = \eta \frac{\partial E}{\partial t_{li}} = \eta \delta_i y_j$$

$$\delta = -(t_i - z_k) \times f'(net_i)$$

$$w_{ij} = -\delta'_j \frac{\partial E}{\partial w_{ij}} = \eta' \delta'_j x_j$$

$$\delta'_j = f'(net_i) \times \sum_i \delta_i T_{li}$$

（三）基于公式汇总

（1）对输出节点：$\delta_i = -(t_i - z_k) \times f'(net_i)$。

（2）权值修正：$T_{li}(k+1)=T_{li}(k)+\Delta T_{li}=T_{li}=T_{li}(k)+\eta'\delta'_i x_j$。

（3）对隐含层节点：$\delta'_j=f'(net_i)\times\sum_i\delta_i T_{li}$。

（4）权值修正：$w_{ij}(k+1)=w_{ij}(k)+\Delta w_{ij}=w_{ij}(k)+\eta'\delta'_j x_i$。

式中，隐含层节点误差 δ'_j 中的 $\sum_i\delta_l T_{li}$ 表示输出层节点 Z_k 的误差 δ_i 通过权值 T_{li} 向隐含层节点 y_j，反向传播成为隐含层节点的误差。

（四）阈值的修正

阈值也是一个变化值，在修正权值的同时也需要修正，原理同权值修正一样。

（1）误差函数对输出节点阈值的公式推导。

$$\frac{\partial E}{\partial\theta_j}=\frac{\partial E}{\partial z_k}\times\frac{\partial z_k}{\partial\theta_j}$$

式中，

$$\frac{\partial E}{\partial z_k}=-(t_i-z_k)$$

$$\frac{\partial z_k}{\partial\theta_j}=\frac{\partial z_k}{\partial net_i}\times\frac{\partial net_i}{\partial\theta_j}=f'(net_i)\times(-1)$$

则

$$\frac{\partial E}{\partial\theta_j}=(t_i-z_k)\times f'(net_i)=\delta_i$$

由于

$$\Delta\theta_j=\eta\frac{\partial E}{\partial\theta_j}=\eta\delta_i$$

则

$$\theta_j(k+1)=\theta_j(k)+\eta\delta_i$$

（2）误差函数对隐含层节点阈值的公式推导。

$$\frac{\partial E}{\partial\theta_i}=\sum_k\frac{\partial E}{\partial\theta z_k}\times\frac{\partial z_k}{\partial y_j}\times\frac{\partial y_j}{\partial\theta_i}$$

式中，

$$\frac{\partial E}{\partial z_k}=-(t_i-z_k)$$

$$\frac{\partial z_k}{\partial y_j=f'(net_i)\times T_{li}}$$

$$\frac{\partial y_i}{\partial\theta_i}=\frac{\partial y_i}{\partial net_i}\times\frac{\partial net_i}{\partial\theta_i}=f'(net_i)\times(-1)=-f'(net_i)$$

则

$$\frac{\partial E}{\partial \theta_i} = - \sum_k (t_i - z_k) f'(net_i) \times T_{li} \times f'(net_i)$$
$$= \sum_i \delta_l T_{li} \times f'(net_i) \delta'_i$$

由于

$$\Delta\theta_j = \eta' \frac{\partial E}{\partial \theta_j} = \eta' \delta_i$$

（五）传递函数 f（x）的导数公式

函数 $f(x) = \dfrac{1}{1 + e^{-x}}$，存在关系

$$f'(x) == f(x) \times [1 - f(x)]$$

则

$$f'(net_k) = f(net_k) \times [1 - f(net_k)]$$

对输出节点

$$z_k = f(net_i)$$
$$f'(net_i) = z_k \times [1 - f(z_k)]$$

对隐节点

$$y_i = f(net_i)$$
$$f(net_i) = y_i \times [1 - f(y_i)]$$

求函数梯度有两种方法：递增和批处理。递增模式，就是每增加一个输入样本，重新计算一个梯度并调整权值；批处理模式，就是利用所有的输入样本计算梯度，然后调整权值。

第三节　BP 神经网络的应用

一、BP 神经网络在分类中的应用

下面将以用分类与模式识别的 BP 网络实例来说明 BP 神经网络在分类中的应用。

例 4.1　用 BP 神经网络来实现两类模式的分类，两类模式如图 4-6

所示。根据图 4-6 所示两类模式确定的训练样本为：[1]

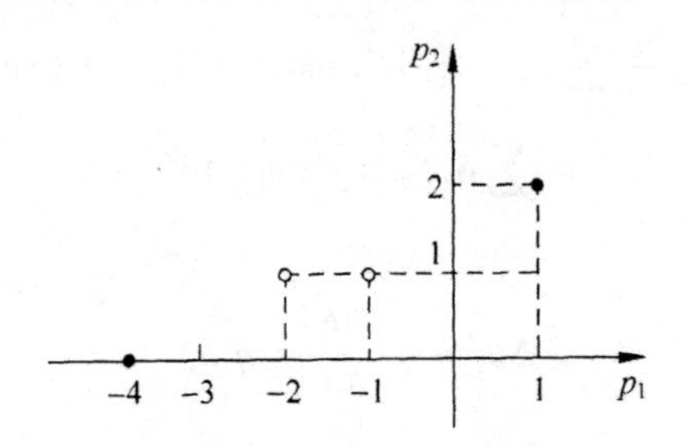

图 4-6　两类模式的分类

P= [1 2; -1 1; -2 1; -4 0]; T= [0.2 0.8 0.8 0.2] 分析以上问题，因为处理的问题简单，所以采用最速下降 BP 算法来训练该网络。其 MATLAB 实现代码为：

```
clear all;
%定义输入向量及目标向量
P= [1 2; -1 1; -2 1; -4 0];
T= [0.2 0.8 0.8 0.2];
%创建 BP 网络和定义训练函数及参数
Net =newff ([ - 1 1; - 1 1], [5 1], { 'logsig', 'logsig' }, 'traingd') ;
net. trainParam. goal  =  0. 001;
net. trainParam. epochs  =  5000;
[net, tr] =train (net, P, T);            %网络训练
disp ('网络训练后的第一层权值为:')
iwl= net. iw {1}
disp ('网络训练后的第一层阈值:')
bl= net. b {1}
disp ('网络训练后的第二层权值为:')
iw2= net. Lw {2}
disp ('网络训练后的第二层阈值:')
b2= net. b {2}
save li3_ 27 net;
%通过测试样本对网络进行仿真:
load l13_ 27 net;                         %载入训练后的 BP 网络
```

---

① 何正风. MATLAB R2015b 神经网络技术 [M]. 北京清华大学出版社，2016，第 188 页.

```
pl= [1 2; -1 1; -2 1; -4 0]';          %测试输入向量
a2=sim (net, pl);                       %仿真输出结果:
disp ('输出分类结果为:')
a2=a2>0.5                               %根据判决门限，输出分类结果
网络训练后的第一层权值为:
iwl=
    3.8568    -4.9320
    5.4945    -3.0019
   -6.2128     0.7803
    4.1980     4.6453
    2.3325     6.0218
网络训练后的第一层阈值:
b1=
   -6.2610
   -3.1315
   -0.0001
    3.1302
    6.1065
网络训练后的第二层权值为:
iw2=
-2.4003    3.2988    2.6047    0.0423    2.2295
网络训练后的第二层阈值:
b2=
    3.6660
输出分类结果为:
a2=
    0    1    1    0
```

二、BP 神经网络在噪音控制中的应用

在 MATLAB 神经网络工具箱中，提供了 26 个大写字母的数据矩阵，利用 BP 神经网络，可以进行模式识别的处理。

例 4.2　利用 BP 神经网络进行去除噪声。

其 MATLAB 实现代码为：

```
clear all;
[alphabet, targets] =prprob;
[R, Q] =size (alphabet);
[S2, Q] =size (targets);
S1=10;
[R, Q] =size (alphabet);
[S2, Q] =size (targets);
P=alphabet;
Net=newff (minmax (P), [ S1, S2 ], {'logsig','logsig'}, 'traingdx' ) ;
% 构建 BP 网络
net. LW {2, 1} =net. LW {2, 1} * 0. 01;
net. b {2=net. b {2} +0. 01;
```

为了测量所设计的神经网络模式识别系统的可靠性，在不同噪声信号的基础上加入数百个输入向量进行测试，并绘出网络识别误差与噪声信号的比较曲线。

三、BP 神经网络在性别识别中的应用

BP 网络除了实现模式分类、降噪处理外，还可以进行性别识别。

例 4.3　现有 260 名大学生，其中男生 172 人、女生 88 人，要求利用 BP 神经网络的识别，以班级中男生和女生的身高、体重作为输入，经过一定数量的样本训练后，可较好地识别出新样本的性别。表 4-1 列出了部分数据。

表 4-1　部分学生身高体重表

学号	性别	身高/cm	体重/kg	学号	性别	身高/cm	体重/kg
1	男	174. 2	91. 9	91	女	161. 9	53. 7
2	女	156	57. 6	92	女	162. 7	50. 4
3	女	151. 7	59. 9	93	女	158. 4	52. 5
4	男	181. 5	107. 2	94	女	165. 3	73. 1
5	男	169. 1	55. 6	95	男	178. 1	76. 3
6	男	175. 6	90. 6	96	男	179. 5	56
7	男	174. 3	73	97	男	169. 7	79. 3
8	男	175. 8	67. 9	98	女	162	52. 3

续表

学号	性别	身高/cm	体重/kg	学号	性别	身高/cm	体重/kg
9	男	175.4	72.4	99	男	173.9	61.1
10	男	165.2	84.1	100	男	178.1	81.1

本例将在 260 个样本中随机抽出部分学生的身高和体重作为训练样本(男女生都有)，然后训练一个 BP 神经网络，最后将剩下的样本输入网络进行测试，检验 BP 神经网络的分类性能。

（一）批量训练方式

批量训练方式将以尽量底层的代码实现一个简单的 BP 网络，以解决分类的问题。在解析的过程中将会给出函数 getdata. m，diwde. m。其算法流程如图 4-7 所示。

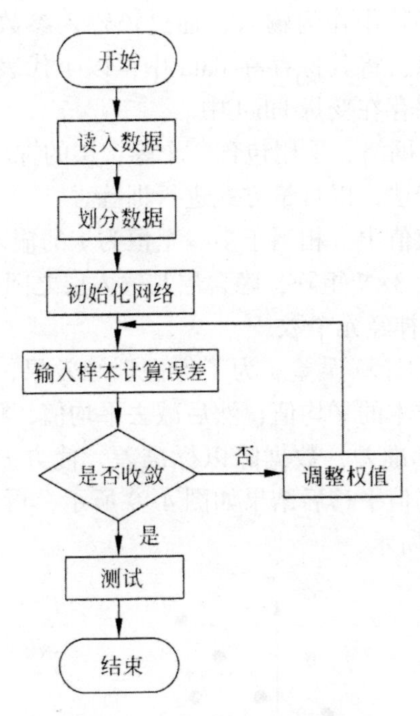

图 4-7　BP 神经网络流程图

（1）数据读入。学生的身高体重信息保存在一个 XLS 格式的表格中，其中 B2～B261 为学生的性别，C2～C261 为学生的身高，D2～D261 为学生的体重。使用 MATLAB 的内建函数 xlsread 来读取 XLS 表格。在 MATLAB 中新建 M 函数文件 getdata. m，源代码为：

```
function[ data,label ] = getdata( xlsfile)
        % [ data, label ] = getdata('student. xls')
        %在 file. xls 文件中读入身高与体重
        [ ~ ,label ] =xlsread( xlsfile,1,'B2:B261') ;
       [ height, N ] =xlsread( xlsfilet 'C2:C261') ;
       [ weight,~  ] =xlsread( xlsfiler'D2:D261') ;
       Data=[ height, weight ];
1=zeros[ size( label) ] ;
for i=1:length(1)
            if label{i} ='男'
    end
end
Label=1;
```

函数接收一个字符串作为输入，通过该输入参数找到 XLS 文件，再读出身高、体重信息，将其保存在 data 中，以 1 代表男生，o 代表女生，将每名学生的标签保存在变量 label 中。

（2）初始化 BP 网络，采用包含一个隐含层的神经网络，训练方法采用包含动量最速下降法，以批量方式进行训练。

将阈值合并到权值中，相当于多一个恒为 1 的输入，这样，输入层与隐含层之间的权值为 3×N 矩阵，隐含层与输入层之间的权值为（N+1）×1 矩阵，N 为隐含层神经元个数。

（3）输入样本，计算误差。为了保证训练效果，必须对样本进行归一化。先求出输入样本的平均值，然后减去平均值，将数据移动到坐标轴中心。再计算样本标准差，数据除以标准差，使方差标准化。如图 4-8 所示为原始数据，均值平移后结果如图 4-9 所示，再进行方差的标准化，最终结果如图 4-10 所示。

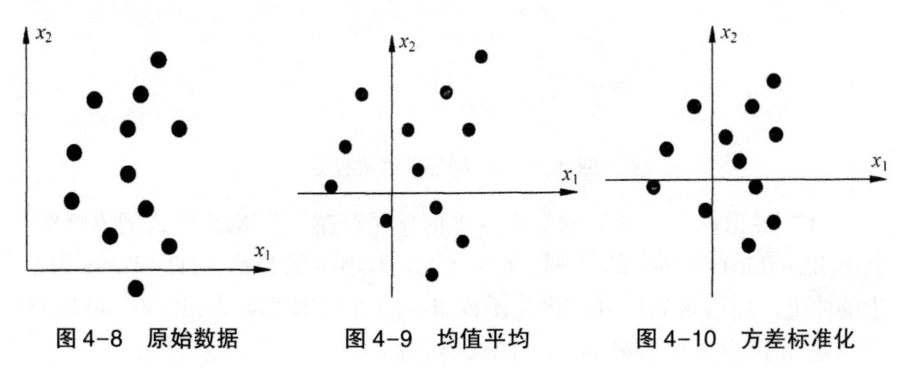

图 4-8　原始数据　　　图 4-9　均值平均　　　图 4-10　方差标准化

（5）判断是否收敛。定义一个误差容限，当样本误差的平方和小于次容限时，算法收敛；另外定义最大迭代次数，达到这个次数即停止迭代。

（6）根据误差调整权值。这一步是误差反向传播的过程。其值根据以下公式进行调整，即

$$\Delta w_{ij}(n) = \eta \delta'_j x_i$$

$$\delta'_j = f'(net_i) \sum_i \delta_i T_{li}$$

（7）测试。由于训练数据进行了归一化，因此测试数据也要采用相同的参数进行归一化。

实现程序的完整 MATLAB 代码为：

```
》%批量方式训练 BP 网络，实现性别识别
clear all
%读入数据
xlsfile='student. xls';
[data, label] = getdata(xlsfile);
%划分数据
[traind, trainl, testd, testl]=divide(data, label);
%设置参数
rng('default')
rng(0)
nTrainNum=60;                    %60 个训练样本
nSampDim=2;                      %样本是 2 维的
%构造网络
net. nIn=2;
net. nHidden=3;                  %3 个隐含层节点
net. nOut=1;                     %一个输出层节点
w=2*(rand(net. nHidden,net. nln)-1/2);%nHidden*3 -行代表一个
隐含层节点
b=2*(rand(net. nHidden,1)-1/2);
net. wl=[w,b];
W=2*(rand(net. nOut,net. nHidden))-1/2);
B=2*[rand(net. nOut,1)-1/2];
net. w2=[W,B];
%训练数据归一化
```

```
mm=mean(traind);
%均值平移
For i=1:2
    traind_s(:,i) = traind(:,i)- mm(i) ;
end
%方差标准化
ml(1)=std[traind_s(:,l)];
m1(2)=std[traind_s(:,2)];
for l= 1:2
     traind_s(:,i)=traind_s(:,i)/ml(i)
end
```

（二）使用函数法

使用 feedforwardnet 创建 BP 网络，使用拟牛顿法对应的函数 trainbfg 进行训练。在 feedforwardnet 函数的参数中指定隐含层为 1 层，节点个数为 3 个。实现代码为：

```
>> clear all;
rng('default');
rng(2);
%读入数据
xlsfile=t student. xls';
[ data,labell= getdata(xlsfile);
%划分数据
[traind, trainl, testd, testl]=divide(datar label);
%创建网络
net= feedforwardnet (3);
net. trainFcn='trainbfg';
%网络训练
Net=train(net,traind ' ,trainl) ;
test_o=sim(net, testd')}
test_o(test_o > =0.5) = 1;
test_o(test_o < 0.5) = 0;
rate = sum(test_o = = testl) /length(testl) ;
fprintf('正确率\n      % f      %   % \nf , rate * 100)}
```

第五章 时滞神经网络的稳定性与同步控制

动态行为是神经网络的成功应用的前提。动态吸引子的动力学研究是一个重要研究领域，为了在特定的情况下，解放模型可以收敛到相应的吸引子，网络功能可以实现，需要对神经网络的稳定性进行分析。

第一节 时滞神经网络的研究进展

一、神经网络的发展内涵

随机神经网络的发展经历了一个漫长而曲折的过程，20 世纪 60 年代 Rosenblatt 感知器模型首次提出，到辨别噪声存在于神经系统和随机性不是由于不良后果引起大脑结构不合理或有缺陷，再到计算人脑的必要性。

二、时滞神经网络的稳定性

20 世纪 60 年代，Games 和 Poppelbaum 就提出了随机计算的基本思想、其原理是采用随机离散值表示模拟量，利用通常被认为十分有害的随机噪声进行计算。随机计算具有容错性强、能克服局部极小、造价低廉等众多特点，尤其适合于机器学习和模式识别等领域。随机神经网络就是在确定型神经网络中引入随机计算机制，使系统有能力通过内部噪声摆脱局部极小，因此更有利于全局优化。随机神经网络的输出是由网络的全局状态决定的而不是取决于单个神经元。这种完全分布式的信息表达在噪声环境中具有极强的抗干扰能力和较好的泛化特性。因为生物神经系统与外界环境密切相关，环境中充满了噪声且是随机变化的，生物神经系统自然而然地带有随机性和可塑性。所以，与确定型神经网络相比，随机神经网络更接近于生物神经系统。另外，由于随机神经网络的每个神经元可以用一个累加器来表示，所以硬件实现较方便。

随机神经网络的发展经历了漫长而曲折的过程，从 20 世纪 60 年代 Rosenblatt 首先提出感知器模型开始，到洞悉了神经系统中存在的噪声和随机性绝非是由于人脑结构的不合理或某种缺陷带来的不良后果，而恰恰是人脑进行计算所必备的。Rosenblatt 还分析了感知器（包括神经元和网络连接）在噪声环境中受损时的工作情况。Hopfield 提出了人工神经网络与物理学中 Ising 模型是同构的观点，从而使得大量物理学定律，尤其是统计热力学中的定理，能够在神经网络模型中获得广泛应用；同时，也使人们清楚地认识到了神经网络模型的复杂性。Hopfield 在 1984 年将其二值神经元模型推广到 Sigmoid 型，在 1987 年将随机机制引入模型，使该模型成为一种随机型神经网络。Ackley 和 Hinton 通过引入隐单元，进一步将随机型 Hopfield 网络模型扩展成为 Boltzmann 机，并提出了 Bo-ltzmann 学习法。1995 年 Dayan 和 Hinton 提出了 Helmboltz 机及 Wake Sleep 学习方法。近年来，在生物神经网络研究的带动下，脉冲式神经网络的研究获得了重要进展，包括 Banerj ee 的 Spiking 神经网络、Murray 的 Pulse-Based VLSI 神经网络、Alspeetor 的随机神经网络 VLSI 实现等。2000 年，Hinton 和 Brown 进一步提出了 Spiking Boltzmann 机。在随机神经网络的硬件实现方面，Brown 和 Card 对神经网络所采用的随机计算单元硬件实现作了深入讨论，并通过竞争学习实现了带噪声字符的硬件自识别。

随机神经网络的应用十分广泛，在图像处理、组合优化、模式识别和联想记忆等众多领域取得了显著的效果。其中图像处理与识别是神经网络应用中取得成功最大的领域之一，随机神经网络主要被成功地用于图像恢复、图像分割和图像目标识别中。

（一）Lyapunov 稳定性的基本内涵

Lyapunov 稳定性，主要讨论系统在平衡状态下受到扰动后自由运动的性质，其过程与外部输入无关，设系统方程为

$$\dot{x}=f(x,\ t)$$

其中，x 是 n 维状态向量，且显含时间变量 t；$f(x,\ t)$ 是线性或非线性、定常或时变的 n 维函数，其展开形式为

$$\dot{x}_i=f_i(x_1,\ x_2,\ \cdots x_n,\ t),\qquad i=1,\ 2,\ \cdots,\ n$$

假定方程的解为 $x(t_1,\ x_0,\ t_0)$，式中，x_0 和 t_0 分别为初始状态变量和初始时刻，则初始条件 x_0 必须满足 $x(t_0,\ x_0,\ t_0)=x_0$。现对 Lyapunov 意义下的平衡状态、一致稳定性、渐近稳定性、全局渐近稳定性和不稳定性分别定义如下。

定义 1　Lyapunov 关于稳定性的研究均针对平衡状态而言，对于所有 t，满足

$$\dot{x}^* = f(x^*, t) = 0$$

的状态 x^* 称为平衡状态，平衡状态的各个分量相对于时间不再变化。若已知状态方程，令 $\dot{x}=0$ 所求得的解便是平衡状态．对于非线性动力系统，可能存在一个或多个平衡状态。

定义 2　（Lyapunov 稳定性）设系统初始状态位于以平衡状态 x^* 为球心、δ 为半径的闭球域 S（δ）内，即

$$\| x_0 - x^* \| < \delta, \ t = t_0$$

若能使系统方程的解 x（t; x_0, t_0）在 $t \to \infty$。的过程中，都能位于以 x^* 为球心、任意规定半径 ε 的闭球域 S（ε）内，即

$$\| x(t;\ x_{0,}\ t_0) - x^* \| < \varepsilon, \ t \geqslant t_0$$

则称系统的平衡状态 x^* 在 Lyapunov 意义下是稳定的，简称是稳定的，向量 x 的 Euclid 范数 $\| x_0 - x^* \|$ 表示状态空间中 x_0 到 x^* 的距离，其数学表达式为

$$\| x_0 - x^* \| = \sqrt{(x_{10} - x_1^x)^2 + (x_{20} - x_2^*)^2 + \cdots + (x_{n0} - x_n^*)2}$$

式中，$x_0 = (x_{10}, x_{20,,} \cdots x_{n0})^T$，$x^* = (x_1^*, x_2^*, \cdots x_n^*)T$。

定义 3　（一致稳定性）通常实数 δ 与 ε 和 t_0 有关，如果 δ 与 t_0 无关，则称平衡状态 x^* 是一致稳定的。

定义 4　（渐近稳定性）若系统的平衡状态 x^* 不仅具有 Lyapunov 意义下的稳定性，且有

$$\lim_{t \to \infty} \| x(t;\ x_0,\ t_0) - x^* \| = 0$$

则称平衡状态 x^* 是渐近稳定的，此时，从 S（δ）出发的轨迹不仅不会超出 S（ε），且当 $t \to \infty$ 时收敛于 x^*。如果 δ 与 t_0 无关，且上述极限过程也与 t_0 无关，则称平衡状态 x^* 是一致渐近稳定。

定义 5　（全局渐近稳定性）如果系统的平衡状态 x^* 对所有初始状态 $x_0 \in R^n$ 有

（1）x^* 具有 Lyapunov 意义下的稳定性；

（2）$\lim_{t \to \infty} \| x(t;\ x_0,\ t_0) - x^* \| = 0$

则称 x^* 是全局渐近稳定的，此时，$\delta \to \infty$，S（δ）$\to \infty$。

图 5-1 分别给出了 Lyapunov 意义下的稳定性、渐近稳定性和不稳定性的平面几何表示。

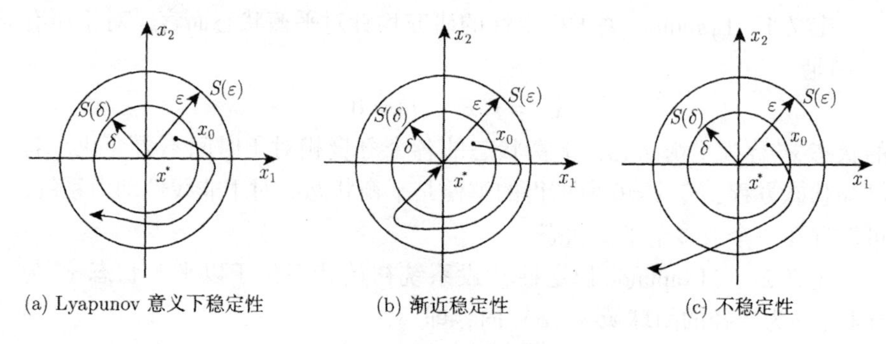

(a) Lyapunov 意义下稳定性　(b) 渐近稳定性　(c) 不稳定性

图 5-1　稳定性的几何表示

（二）Lyapunov 稳定性直接判别法

直接法建立在能量观点的基础上，Lyapunov 创立了一个可模拟系统“广义能量”的函数，根据这个标量函数的性质来判断系统的稳定性，相比于其他稳定性分析的方法，直接法具有如下主要优点：①

（1）方法统一，最后都可以转化为一个 Riccati 方程或线性矩阵不等式的解；

（2）处理范围广泛，适用于时变时滞系统、参数摄动系统、反应扩散系统、随机动力系统、离散系统等。

根据古典力学中的振动现象，若系统的能量随时间的推移而衰减，系统迟早会达到平衡状态，但要找到实际系统的能量函数表达式并非易事。Lyapunov 提出，可虚构一个以状态变量描述的广义能量函数，对于大多数系统，它一般与 x_1，x_2，…，x_n 及 t 有关，记以 $V(x, t)$ 且满足

$$\begin{cases} V(x,\ t) > 0,\ x \neq 0 \\ V(x,\ t) = 0,\ x = 0 \end{cases}$$

及

$$\dot{V}(x) < 0$$

则不需要知道系统方程的解就可以证明平衡状态的稳定性，称 $V(x, t)$ 为 Lyapunov 函数，遗憾的是，至今仍未形成构造 Lyapunov 函数的通用方法，需要凭借经验和技巧来进行构造，实践表明，对于大多数系统，可先尝试用二次型函数 $X^T P^x$ 作为 Lyapunov 函数。首先，对函数正定、负定、半正定和半负定进行定义。②

① 苏宏业，褚健，鲁仁全，嵇小辅．不确定时滞系统的鲁棒控制理论［M］．北京：科技出版社，2007，第 38 页．

② 廖晓昕．稳定性理论、方法与应用［M］．武汉：华中科技大学出版社，2000，第 19 页．

定义7 若在Ω上，$W(x) \geqslant 0$（$-W(x) \geqslant 0$），且 $W(x)=0$ 仅有零解 $x=0$，则称函数 $W(x)$ 在Ω上正定（负定）。

定义8 若在Ω上，$W(x) \geqslant 0$（$-W(x) \geqslant 0$），$W(x)=0$ 有非零解 $x=x^* \neq 0$，则称函数 $W(x)$ 在Ω上半正定（半负定）。

通过 Lyapunov 函数，对连续时间非线性时变自治系统进行稳定性计算推理，得到下面一些稳定性判定定理①。

定理1 对连续时间非线性时变自治系统 $\dot{x}=f(x, t)$，若可构造对 x 具有连续一阶偏导数的一个标量函数 $V(x, t)$，且对整个状态空间中所有的非零状态点 x 满足如下条件：

（1）$V(x, t)$ 为正定；

（2）$\dot{V}(x, t) \triangleq \mathrm{d}V(x, t)/\mathrm{d}t \leqslant 0$；

则系统的原点平衡状态 x=0 是稳定的。

定理2 若存在正定函数 $V(x, t)$ 使得其关于时间的导数 $\dot{V}(x, t) \triangleq \frac{\mathrm{d}V(x, t)}{\mathrm{d}t}$ 是负定函数，则系统的原点平衡状态 $x=0$ 是渐近稳定的。

定理3 如果 $x=0$ 是渐近稳定的，且当 $\|x\| \to \infty$ 时，有 $V(x, t) \to \infty$，则系统的原点平衡状态 $x=0$ 是全局渐近稳定的。

定理4 若存在正定函数 $V(x, t)$ 使得其关于时间的导数 $\dot{V}(x, t) \triangleq \frac{\mathrm{d}V(x, t)}{\mathrm{d}t}$ 是正定函数，则系统的原点平衡状态 $x=0$ 是不稳定的。

Lyapunov 函数的选取并不唯一，只要找到一个 $V(x, t)$ 满足定理条件，便可对原点平衡状态的稳定性作出判断，并不会因为选择的 $V(x, t)$ 不同而对系统的稳定性产生影响。遗憾的是，至今尚无构造 Lyapunov 函数的通用方法，如果 $V(x, t)$ 选择不当，会导致 $\dot{V}(x, t)$ 不定号的结果，此时则需要重新选择能量函数 $V(x, t)$，这是运用 Lyapunov 稳定性理论研究系统稳定性的主要障碍。

具体分析问题时，首先通过选择二次型函数等方法构造一个 Lyapunov 函数 $V(x, t)$，计算其对时间的导数 $\dot{V}(x, t)$，并将系统的状态方程代入，根据 $\dot{V}(x, t)$ 的定号性来判断系统的稳定性，对于时滞系统而言也有类似的结论，只不过所构造的一般是一个 Lyapunov 泛函。Lyapunov 泛函可取为

① 廖晓昕．稳定性理论、方法与应用［M］．武汉：华中科技大学出版社，2000，第18页．

$$V(t,\ x) = x^T(t)Px(t) + \int_{t-T}^{t} x^T(s)Qx(s)\mathrm{d}s$$

其中，$P=P^T>0$，$Q=Q^T>0$ 均为正定对称矩阵。早期的大多数研究基本上都局限于不依赖于时滞的稳定性研究，但是在很多实际的系统中，神经网络系统的时滞的取值范围往往是有界的，此时，应用以上结果会使其变得非常保守，特别是时滞很小的时候。于是另一类条件引起了人们的广泛关注，即包含时滞大小信息的稳定性条件，被称为依赖于时滞（Delay-Dependent）的稳定性条件，此时，Lyapunov 泛函可取为

$$V[t,\ x(t)] = x^T(t)Px(t) + \int_{t-T}^{t} x^T(s)Qx(s)\mathrm{d}s + \int_{-T}^{0}\int_{t+0}^{t} x^T(s)Rx(s)\mathrm{d}s\mathrm{d}\theta$$

其中，$P=P^T>0$，$Q=Q^T>0$，$R=R^T>0$ 均为正定对称矩阵。为了实践上的应用和理论的完美，人们不断提出新的判断规则来弥补理论上的这种欠缺。①

三、时滞神经网络的混沌同步

由于混沌系统的奇异性和复杂性至今尚未被人们彻底了解，因此还没有一个统一的定义，一般认为，混沌是指确定系统出现的一种貌似无规则的、类似随机的现象②。不管对混沌的各种定义有何区别，混沌的本质特征是相同的，综合起来有如下六点。

1. 内在随机性

混沌现象是非线性动力系统中出现的一种貌似随机的行为，是确定性系统内部随机性的反映。这种随机性完全由系统内部自发产生，而不由外部环境引起，在描述系统行为状态的数学模型中不包括任何随机项，是与外部因素毫无关联的“确定随机性”。

2. 有界性和遍历性

有界性：混沌是有界的，其轨道总是局限于一定的区域，即混沌吸引域。无论混沌系统有多不稳定，它的轨道都不会离开混沌吸引域，因此混沌系统作为一个整体是相对稳定的。

遍历性：混沌运动是在其混沌吸引域内遍历的，即在有限时间内，混沌轨道通过混沌区域中的每个状态点。

混沌不是一种简单的无序现象，没有明显的周期性和对称性，但它有着丰富的摩擦结构内部层次结构。它是非线性系统中一种新的存在形式。

---

① 李传乐．时滞神经网络的稳定性与同步［D］．重庆大学博士学位论文，2005.

② 廖晓峰，李传东，郭松涛．时滞动力学系统的分岔与混沌［M］．北京：科技出版社，2015，第 33 页．

混沌同步是两个混沌系统状态的完全重构，也就是说，设计一个合适的控制器使得混沌系统的轨迹与另一混沌系统完全相同。

3. 奇异吸引子与分数维特性

轨道：系统的某一特定状态，在相空间中占据一个点。当系统随时间变化时，这些点便组成了一条线或一个面，即轨道。

吸引子：随着时间的流逝，相空间中轨道占据的体积不断变化，其极限集合即为吸引子。吸引子可分为简单吸引子和奇异吸引子。

奇异吸引子：是一类具有无穷嵌套层次的自相似几何结构。

维数：对吸引子几何结构复杂度的一种定量描述。

分数维：在欧氏空间中，空间被看成三维，平面或球面被看成二维，而直线或曲面则被看成一维。平衡点、极限环以及二维环面等吸引子具有整数维数，而奇异吸引子具有自相似特性，在维数上表现为非整数维数，即分数维。

4. 有界性和遍历性

有界性：混沌是有界的，它的运动轨道始终局限于一个确定的区域，即混沌吸引域。无论混沌系统内部多么不稳定，它的轨道都不会走出混沌吸引域，所以从整体来说混沌系统是相对稳定的。

遍历性：混沌运动在其混沌吸引域内是各态历经的，即在有限时间内混沌轨道经过混沌区内的每一个状态点。

5. 连续的功率谱

混沌信号介于周期或准周期信号和完全不可预测的随机信号之间。用Fourier 分析混沌频谱发现，混沌信号的频谱占据了很宽的带宽，分布较均匀，整个频谱由许多比较窄的尖峰构成。

6. 正的 Lyapunov 指数

为了对非线性映射产生的运动轨道相互间趋近或分离的整体效果进行定量刻画，引入了 Lyapunov 指数。

当 Lyapunov 指数小于零时，轨道间的距离按指数规律消失，系统运动状态对应于周期运动或不动点；当 Lyapunov 指数等于零时，各轨道间距离不变，迭代产生的点对应于分岔点。

四、反应扩散时滞神经网络

神经网络是通过电子电路实现的，而模拟神经网络的电子电路一般是在磁场环境下工作的，而且所处的磁场往往是不均匀的，当模拟神经网络的电子电路在不均匀的磁场环境下工作时，电子的扩散效应就不可避免。因此，在神经网络的理论研究中，为了更真实地模拟现实，必须考虑扩散效应对神经网络的影响。也就是说，除了时间变化以外，在研究神经网络时，我们还必须考虑空间的变化，即研究反应扩散神经网络模型。

廖晓昕等[①]在国内率先研究了无时滞的反应扩散神经网络模型，揭开了反应扩散神经网络动力学行为研究的序幕；梁金玲和曹进德分析了具有时变时滞的反应扩散递归神经网络的全局指数稳定性；罗毅平等[②]利用同伦不变性原理、Dini 导数、格林公式研究了具有反应扩散的分布时滞神经网络的平衡点存在性和全局渐近稳定性。这些工作对扩散项的处理都是在利用散度定理的基础上去掉一个负的含梯度的积分项，这样导致所得的稳定性条件中不含有扩散算子项，也就是说扩散算子在稳定性条件中没有起到作用，获得的稳定性条件与不含反应扩散项的神经网络模型的结果是一样的，具有很强的保守性。

W. Allegretto 和 D. Papini 在不要求激励函数可微性、单调性等条件的情况下，讨论了反应扩散 Hopfield 神经网络周期解的存在唯一性和全局指数稳定性；卢俊国利用 Lyapunov 稳定性理论和不等式技术，依赖于扩散算子项，给出了在 Dirichlet 边界条件下具有常时滞的反应扩散递归神经网络的稳态解稳定性和周期解存在性条件；王占山和张化光等利用线性矩阵不等式技术，分别研究了在 Dirichlet 边界条件和 Neumann 边界条件下具有连续分布时滞的反应扩散、Cohen-Grossberg 神经网络的全局渐近稳定性；朱全新和曹进德对具有混合时滞和随机扰动的反应扩散 Cohen-Grossberg 神经网络的指数稳定性进行了研究；Wang 等提出了具有时变时滞和 Markov 跳变的反应扩散 Hopfield 神经网络的指数稳定判据。

所有这些研究都大大推动了神经网络理论的发展，并取得了一定的研究成果，但是这些研究大部分集中在网络的稳定性和周期振荡等动力学性质的分析这一层面。然而，已有研究表明：神经网络是一种复杂的动态系统，如果适当地选择系统的参数，神经网络可能表现出复杂的混沌特性。

到目前为止，时滞神经网络的稳定性与同步控制仍然是神经网络领域的一个热门研究课题，每年仍有不少这方面的研究成果在国内外学术期刊和会议上发表。近年来，作者对时滞神经网络的动力学行为和控制进行了深入的研究，取得了一系列研究成果。例如，针对异结构的神经网络的混沌同步问题，利用滑模变结构控制方法实现了异结构的时滞神经网络的完全同步控制并应用于保密通信，该研究证明了变结构控制具有快速响应、

① 廖晓峰，杨叔子，程世杰，沈轶．具有反应扩散的广义神经网络的稳定性 [J]．中国科学（E 辑），2002（6）．

② 罗毅平，邓飞其，赵碧蓉．具反映扩散无穷连续分布时滞神经网络的全局渐近稳定性 [J]．电子学报，2005（2）．

算法简单、鲁棒性好和可靠性高等特点，但对影响控制性能的抖振现象没有进行深入的研究；针对具有未知参数和随机时变时滞的神经网络的混沌同步问题，提出了将样本点控制和自适应控制相结合的同步控制策略，并对未知的参数进行了识别；针对具有混合时变时滞的反应扩散神经网络的混沌同步问题，分别给出了相应的线性状态反馈控制策略和间歇性控制策略，它们对于反应扩散神经网络的低成本同步控制研究具有较强的启发性。

第二节　时滞神经网络的稳定性与分支

一、具有混合时滞的连续神经网络模型

对于时滞神经网络而言，人们关心的主要问题之一是平衡状态的稳定性，尤其是时滞对系统动力学性态的影响。近年来，不同类型的时滞神经网络模型已经被广泛和深入地研究，如 Song 等研究了一类具有两个常时滞和三个神经元的双向联想记忆神经网络模型：

$$\begin{cases}\dot{x}(t)=-\mu_1x(t)+c_{21}f_1[y_1(t-\tau_2)]c_{31}f_1[y_3(t-\tau_2)]\\ \dot{y}_1(t)=-\mu_2y_1(t)+c_{12}f_2[x(t-\tau_1)]\\ \dot{y}_2(t)=-\mu_3y_2(t)+c_{13}f_3[x(t-\tau_1)]\end{cases}$$

其中，$f_i\in C^1$，f_i（0）=0，通过分析其特征方程根的分布情况来判断神经网络平衡点的局部稳定性和分支现象的存在性，然后利用规范型理论和中心流形定理的降维思想，讨论了分支周期解的性质；研究了一类具有四个常时滞和四个神经元且同步自连接的双向联想记忆神经网络模型：

$$\begin{cases}\dot{x}_1(t)=-\mu_1x(t)+c_{11}f_{11}[y_1(t-\tau_3)]c_{12}f_{12}[y_2(t-\tau_3)]\\ \dot{x}_2(t)=-\mu_2x(t)+c_{21}f_{22}[y_1(t-\tau_4)]c_{22}f_{22}[y_2(t-\tau_4)]\\ \dot{y}_1(t)=-\mu_3x(t)+d_{11}g_{11}[x_1(t-\tau_1)]d_{12}g_{12}[x_2[t-\tau_2)]\\ \dot{y}_2(t)=-\mu_4x(t)+d_{21}g_{21}[x_1(t-\tau_1)]d_{22}g_{22}[x_2(t-\tau_2)]\end{cases}$$

其中，$\tau_1+\tau_2=\tau_3+\tau_4=\tau$；研究了一类具有分布时滞和两个神经元的 Cohen-Grossberg 神经网络模型：

$$\begin{cases}\dot{x}_1(t) = -a_1x_1(t)\left[b_1x_1(t) - \sum_{j=1}^{2} t_{1j}\int_0^{+\infty} s_j(s)x_j(t-s)\mathrm{d}s + J_1\right]\\ \dot{x}_2(t) = -a_2x_2(t)\left[b_2x_2(t) - \sum_{j=1}^{2} t_{2j}\int_0^{+\infty} s_j(s)x_j(t-s)\mathrm{d}s + J_2\right]\end{cases}$$

许多神经元聚成球形或层状结构并相互作用，且通过轴突又连接成各种复杂神经通路，具有大量的并行通道，具有时间和空间特性，所以在神经网络模型中用连续分布时滞来替代常用的点时滞或离散时滞将更能准确描述网络状态的变化。如下具有混合时滞（离散常时滞和无穷分布时滞）的神经网络模型：

$$\begin{cases}\dot{x}_1(t) = -\mu_1x_1(t) + c_{21}f[x_2(t-\tau)]\\ \dot{x}_2(t) = -\mu_2x_2(t) + c_{12}\int_{-\infty}^{t} a(t-s)e^{-a(t-s)}x_1(s)\mathrm{d}s\end{cases} \tag{5-1}$$

其中，C_{12}和C_{21}为层间神经元的连接权值；μ_1和$\mu_2>0$为神经元的衰减时间常数；$F(s) = ase^{-as}$（$a>0$）为时滞核函数，用以确定和衡量分布时滞的作用效果，它在积分式中起着“加权”的作用；τ为信号沿神经元$x_2(t)$的轴突传输给神经元$x_1(t)$存在的时滞；f为连续可微的神经元激励函数满足，$f(0)=0$。

（一）局部稳定性与 Hopf 分支

利用特征方程法分四步来研究系统（5-1）平衡点的局部稳定性。

1. 求平衡点

为方便讨论，引入两个新的变量：

$$\begin{cases}x_3(t) = \int_{-\infty}^{t} a(t-s)e^{-a(t-s)}x_1(s)\mathrm{d}s\\ x_4(t) = \int_{-\infty}^{t} ae^{-a(t-s)}x_1(s)\mathrm{d}s\end{cases}$$

利用线性链技巧，可将具有分布时滞的神经网络系统（5-1）转化为如下具有常时滞的等价系统：

$$\begin{cases}\dot{x}_1(t) = -\mu_1x(t) + c_{21}f[x_2(t-\tau)]\\ \dot{x}_2(t) = -\mu_2x_2(t) + c_{12}x_3(t)\\ \dot{x}_3(t) = -ax_3(t) + x_4(t)\\ \dot{x}_4(t) = -ax_4(t) + ax_1(t)\end{cases} \tag{5-2}$$

寻求系统（5-2）的平衡点实际上就是求方程组的常数解，即令$x_1(t)=x_1^*$，$x_2(t)=x_2^*$，$x_3(t)=x_3^*$，$x_4(t)=x_4^*$，代入系统（5-2）求解$x^*=$

（x_1^*，x_2^*，x_3^*，x_4^*），由假设$f \in C^1$，$f(0)=0$可知$x^*=$（0，0，0，0）为系统（5-2）的一个平衡点，相应地，（0，0）为系统（5-2）的一个平衡点。

2. 求系统在平衡点$x^*=$（0，0，0，0）处的线性近似方程

用泰勒公式将，$f\left[x_2(t-\tau)\right]$在$x_2^*$展开：

$$f(x_2)=f(x_2^*)+f'(x_2^*)(x_2-x_2^*)+\cdots+\frac{f^{(n)}(x_2^*)}{n!}(x_2-x_2^*)^n \tag{5-3}$$

作变量代换$\bar{x}_i(t)=x_i(t)-x_i x_i(t)$并用$x_i(t)$代替$x_i(t)$，代入系统（5-2），取其线性近似部分可得系统（5-2）在平衡点$x^*=$（0，0，0，0）的线性近似系统为

$$\begin{cases}\dot{x}_1(t)=-\mu_1 x(t)+\beta x_2(t-\tau)\\ \dot{x}_2(t)=-\mu_2 x_2(t)+c_{12}x_3(t)\\ \dot{x}_3(t)=-ax_3(t)+x_4(t)\\ \dot{x}_4(t)=-ax_4(t)+ax_1(t)\end{cases} \tag{5-4}$$

其中$\beta=c_{21}f'(0)$。

3. 求特征方程

令$x(t)=ce^{\lambda t}$代入系统（5-4）可得其特征方程为

$$\det\begin{vmatrix}\lambda+\mu_1 & -\beta e^{-\lambda\tau} & 0 & 0\\ 0 & \lambda+\mu_2 & -c_{12} & 0\\ 0 & 0 & \lambda+a & -1\\ -a & 0 & 0 & \lambda+a\end{vmatrix} \tag{5-5}$$

整理后可得

$$\lambda^4+a\lambda^3+b\lambda^2+c\lambda+d+\gamma e^{-\lambda\tau}=0 \tag{5-6}$$

其中

$$\begin{aligned}a&=2a+\mu_1+\mu_2\\ b&=\mu_1\mu_2+2(\mu_1+\mu_2)+a^2\\ c&=2a\mu_1\mu_2+a^2(\mu_1+\mu_2)\\ d&=a^2\mu_1\mu_2\\ \gamma&=-a\beta c_{12}\end{aligned} \tag{5-7}$$

（二）Hopf分支的性质

将所有的τ_j记为$\tilde{\tau}$，设$\tau=\tilde{\tau}+\mu$，则在相空间$C=C([-\tilde{\tau},0],R^4)$

内进行计算，式（5-5）写成泛函微分方程

$$x(t) = L_\mu(x_t) + f(u, x_t) \tag{5-8}$$

的形式，其中，$x(t) = [x_1(t), x_2(t), x_3(t), x_4(t)]^T \in R^4$，$x_t(\theta) = x(t + \theta) \in C$，$L_\mu$：$C \to \infty$，$f$：$R \times C \to R$ 分别定义如下：

$$L_\mu \varphi = \begin{pmatrix} -\mu_1 & 0 & 0 & 0 \\ 0 & -\mu_1 & 0 & 0 \\ 0 & 0 & -a & 1 \\ a & 0 & 0 & -a \end{pmatrix} \varphi(0) + \begin{pmatrix} 0 & \beta & 0 & 0 \\ 0 & 0 & 0 & 0 \\ 0 & 0 & 0 & 0 \\ 0 & 0 & 0 & 0 \end{pmatrix} \varphi(-\tilde{\tau}) \tag{5-9}$$

和

$$f(\mu, \varphi) \begin{pmatrix} c_{21} f''(0) \varphi_2^2(-\tilde{\tau})/2 + c_{21} f'''(0) \varphi_2^3(-\tilde{\tau})/6 + h.o.t \\ 0 \\ 0 \\ 0 \end{pmatrix} \tag{5-10}$$

其中，$h.o.t$ 为高阶非线性项。

当$\mu = 0$ 时，方程（5-7）在平衡点（0，0，0，0）发生 Hopf 分支，方程（5-7）的特征方程有一对纯虚根$\pm iw_k T_k^j$。

由 Riesz 表示定理可知，存在分量为有界变差函数的四阶矩阵 $\eta(\theta, \mu)$：$[-\tilde{\tau}] \to R^4$，使得

$$L_\mu \varphi = \int_{\tilde{\tau}}^{0} \mathrm{d}\eta(\theta, 0)\varphi(\theta), \quad \varphi \in C \tag{5-11}$$

事实上，可以选取

$$\eta(\theta, \mu) = \begin{pmatrix} -\mu_1 & 0 & 0 & 0 \\ 0 & -\mu_2 & 0 & 0 \\ 0 & 0 & -a & 1 \\ a & 0 & 0 & -a \end{pmatrix} \delta(\theta) - \begin{pmatrix} 0 & \beta & 0 & 0 \\ 0 & 0 & 0 & 0 \\ 0 & 0 & 0 & 0 \\ 0 & 0 & 0 & 0 \end{pmatrix} \delta(\theta + \tilde{\tau}) \tag{5-12}$$

其中，δ 是 Dirac delta 函数，即

$$\delta(\theta) = \begin{cases} 1, & \theta = 0 \\ 0, & \theta \neq 0 \end{cases}$$

对 $\varphi \in C^1(-\tilde{\tau}, 0, R^4)$，定义算子

$$A(\mu)\varphi=\begin{cases}\dfrac{\mathrm{d}\varphi(\theta)}{d\theta},\ \theta\in[-\bar{\tau},\ 0]\\ \displaystyle\int_{-\bar{\tau}}^{0}\mathrm{d}\eta(\mu,\ s)\varphi(s),\ \theta=0\end{cases}$$

和

$$R(\mu)\varphi=\begin{cases}0,\ \theta\in[-\bar{\tau},\ 0]\\ f(\mu,\ \varphi),\ \theta=0\end{cases}$$

将方程（5-8）改写为如下的算子微分方程

$$\dot{x}_t=A(\mu)x_t+R(\mu)x_t \tag{5-13}$$

其中，$x_t(\theta)=x(t+\theta)$，$\theta\in[\tilde{\tau},\ 0]$。

$\psi\in C^1([0,\ \tilde{\tau}],\ (R^4)^*)$，定义

$$A^*\psi(s)=\begin{cases}\dfrac{\mathrm{d}\psi(s)}{\mathrm{d}s},\ s\in[-\bar{\tau},\ 0]\\ \displaystyle\int_{-\bar{\tau}}^{0}\mathrm{d}\eta(t,\ 0)\psi(-t),\ s=0\end{cases}$$

和双线性内积

$$[\psi(s),\ \varphi(\theta)]=\bar{\psi}(0)\varphi(0)-\int_{-\bar{\tau}}^{0}\int_{\xi}^{\theta}\bar{\psi}(\xi-\theta)\mathrm{d}\eta(\theta)\varphi(\xi)\mathrm{d}\xi \tag{5-14}$$

其中 $\eta(\theta)=\eta(\theta,0)$，则 $A(0)$ 和 $A*$ 是一对共轭算子。$\pm iw_0$ 是算子 $A(0)$ 的特征值，因此它们也是 $A*$ 的特征值。接下来，分别计算 $A(0)$ 和 $A*$ 关于 iw_0 和 $-iw_0$ 的特征向量。

假设 $q(\theta)=(1,\rho,\rho_1,\rho_2)^{Teiwo\theta}$ 是 $A(0)$ 关于 iw_0 的特征向量，则 $A(0)q(\theta)=iw0q(\theta)$。由方程(5-11)、方程(5-12)和 $A(0)$ 的定义可得

$$\begin{pmatrix}\mu_1+iw_0 & -\beta e^{-iw_0\tilde{\tau}} & 0 & 0\\ 0 & \mu_2+iw_0 & -c_{12} & 0\\ 0 & 0 & a+iw_0 & 0\\ -a & 0 & 0 & a+iw_0\end{pmatrix}q(0)=\begin{pmatrix}0\\0\\0\\0\end{pmatrix}$$

因此，

$$q(0)=(1,\ \rho,\ \rho_1,\ \rho_2)^T\left(1,\ \frac{ac_{12}}{(\mu_2+iw_0)\ (a+iw_0)^2},\ \frac{a}{(a+iw_0)^2},\ \frac{a}{a+iw_0}\right)^T$$

另外，假设 $q*(s)=D(1,\ \sigma_1,\ \sigma_2,\ \sigma_3)e^{iw0s}$ 是 $A*$ 关于 $-iw_0$ 的

特征向量。由方程（5-11）、方程（5-12）和 $A*$ 的定义可得

$$\begin{pmatrix} -\mu_1+iw_0 & 0 & 0 & a \\ -\beta e^{-iw_0\tilde{\tau}} & -\mu_2+iw_0 & -c_{12} & 0 \\ 0 & c_{12} & -a+iw_0 & 0 \\ -a & 0 & 1 & -a+iw_0 \end{pmatrix}(q*(0))^T=\begin{pmatrix}0\\0\\0\\0\end{pmatrix}$$

直接计算得

$$q^*(0)=D(1,\sigma,\sigma_1,\sigma_2)^T\left(1,\frac{(\mu_1-iw_0)(a-iw_0)^2}{ac_{12}},\frac{(\mu_1-iw_0)(a-iw_0)}{a},\frac{\mu_1-iw_0}{a}\right)$$

为确保 $[q^*(s),q(\theta)]=1$，接下来需要确定 D 的值，由式（5-13）有

$$\begin{aligned}&[q^*(s),q(\theta)]\\&=\bar{D}\left\{(1,\bar{\sigma},\bar{\sigma}_1,\bar{\sigma}_2)(1,\rho,\rho_1,\rho_2)^T-\int_{-\tilde{\tau}}^0(1,\bar{\sigma},\bar{\sigma}_1,\bar{\sigma}_2)e^{-i(\xi-\theta)wo}\mathrm{d}\eta(\theta)\right.\\&\left.(1,\rho,\rho_1,\rho_2)^{Tei\xi w0}\mathrm{d}\xi\right\}\\&=\bar{D}\left\{1+\rho\bar{\sigma}+\rho\bar{\sigma}_1+\rho\bar{\sigma}_2-\int_{-\tilde{\tau}}^0(1,\bar{\sigma},\bar{\sigma}_1,\bar{\sigma}_2)\theta c^{iw0\theta}\mathrm{d}\eta(\theta)(1,\rho,\rho_1,\rho_2)^T\right\}\\&=\bar{D}\{1+\rho\bar{\sigma}+\rho_1\bar{\sigma}_1+\rho_2\bar{\sigma}_2+\beta\rho\tilde{\tau}e^{-iw0\tilde{\tau}}\}\end{aligned}$$

因此，可以选择

$$=D\frac{1}{1+\rho\bar{\sigma}+\rho_1\bar{\sigma}_1+\rho_2\bar{\sigma}_2+\beta\bar{\rho}\bar{\tilde{\tau}}e^{-iw0\tilde{\tau}}}$$

使其满足

$$[q^*(s),q(\theta)]=1,\ [q^*(s),q(\theta)]=0 \tag{5-15}$$

利用 Hassard 等中的某些记号，首先计算在 $\mu=0$ 处中心流形 C_0 的坐标，令 x_t 为方程（5-8）当 $\mu=0$ 的解。

定义

$$z(t)=(q^*,x_t),\ W(t,\theta)=x_t(\theta)-2Rc\{z(t)q(\theta)\}$$

在中心流形 C_0 上有

$$W(t,\theta)=W\{z(t)\bar{z}(t),\theta\}$$

其中

$$W(z,\bar{z},\theta)=W_{20}(\theta)\frac{z^2}{2}+W_{11}(\theta)z\bar{z}+W_{02}(\theta)\frac{z^2}{2}+\cdots$$

z 和 $\bar{z}$ 是中心流形 C_0 在 $q*$ 和 $\bar{q}^*$ 方向上的局部坐标。注意到如果 x_t 为

实数，W 也是实数，下面只考虑实数解。

对于方程（5-16）的解 $x_t \in C_0$，因 $\mu=0$，

$$\begin{aligned}\dot{z} &= iw_0 z + [\bar{q}*(\theta), f(0, W(z, \bar{z}, \theta) + 2\mathrm{Re}\{zq(\theta)\})] \\ &= iw_0 z + \bar{q}*(\theta) f(0, W(z, \bar{z}, \theta) + 2\mathrm{Re}\{zq(\theta)\}) \\ &= iw_0 z + \bar{q}*(0) f(0, W(z, \bar{z}, \theta) + 2\mathrm{Re}\{zq(\theta)\}) \\ &\overset{\mathrm{def}}{=} iw_0 z + \bar{q}*(0) f_0(z, \bar{z})\end{aligned}$$

将上式写成

$$\dot{z} = iw_0 z + g(z, \bar{z})$$

需要指出的是，前面提到的周期解的 Hopf 分支是局部存在的。

二、具有时滞的离散神经网络模型

双向联想记忆神经网络是一种重要的网络模型，由于其强大的信息存储和联想记忆功能，已被广泛地用于模式识别和自动控制等工程领域，双向联想记忆神经网络由两层神经元组成。目前，具有时滞的双向联想记忆神经网络的局部稳定性和分支问题已经被广泛地研究，分别研究了如下具有三个神经元的连续型时滞双向联想记忆神经网络模型：

$$\begin{cases}\dot{x}(t) = -\mu_1 x(t) + c_{21} f_1[y_1(t-\tau_2)] + c_{31} f_1[y_3(t-\tau_2)] \\ \dot{y}_1(t) = -\mu_2 y_1(t) + c_{12} f_2[x(t-\tau_1)] \\ \dot{y}_2(t) = -\mu_3 y_2(t) + c_{13} f_3[x(t-\tau_1)]\end{cases}$$

上式中的局部和全局前，其中 $\mu_i>0$（i=1，2，3），c_{12}，c_{13}，c_{21}，c_{31} 为实数。

在神经网络的实际应用中和数值模拟仿真时，通常需要将连续系统关于时间离散化，即离散时间神经网络模型（简称离散神经网络）。张春蕊等通过对方程 $\lambda^{n+1} - \lambda^n + a = 0$ 根的分布情况的分析，分别研究了与具有常时滞的连续神经网络模型

$$\begin{cases}\dot{u}_1(t) = -\mu_1 u_1(t) + a_1 F_1[u_1(t-\tau_1)] \\ \dot{u}_2(t) = -\mu_2 u_2(t) + a_2 F_2[u_2(t-\tau_2)]\end{cases}$$

和

$$\begin{cases}\dot{u}_1(t) = -u_1(t) + f_1[u_1(t-\tau_1)] + f_2[u_2(t-\tau_2)] \\ \dot{u}_1(t) = -u_1(t) + g_1[u(t-\tau_1)] \\ \dot{u}_2(t) = -u_2(t) + g_2[u(t-\tau_2)]\end{cases}$$

相对应的离散神经网络模型的局部稳定性和分支；Kaslik 等基于对方

程 $x_n+1-ax_n+bx_{n-k}=0$ 的根的分布情况进行了分析，讨论了两类具有时滞的离散神经网络模型的局部稳定性和分支问题，但是大量的神经网络模型的特征方程并不属于这两种类型，因此这些方法的局限性比较大。

为了进一步拓展离散神经网络的应用范围，本节主要研究如下具有三个神经元的离散时滞双向联想记忆神经网络模型：

$$\begin{cases} x(n+1)=ax(n)+a_1f_1[y_1(n-k_2)]+a_2f_1[y_2(n-k_2)] \\ y_1(n+1)=ay_1(n)+a_3f_2[x(n-k_2)] \\ y_2(n+1)=ay_2(n)+a_4f_3[x(n-k_2)] \end{cases} \tag{5-16}$$

其中，$a\in(0,1)$ 是神经元的衰减时间常数，a_i（i=1，2，3，4）表示两层神经元间互联的突触的权重，f_i：$R\to R(i=1,2,3)$ 为输出函数，$k_i\in N(i=1,2)$ 为信号沿另一层的神经元的轴突传输给第 i 层的神经元对应的时滞，系统（5-16）的物理结构如图 5-2 所示。假设 $f_i(0)=0$，$f'_i(0)=1$ 并令 $k=k_1+k_2$。

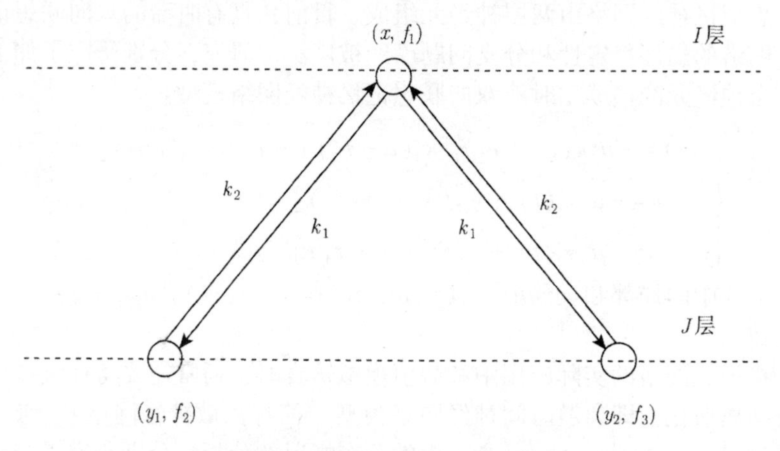

图 5-2　系统（5-16）的结构图

三、具有时滞的反应扩散神经网络的稳定性与分支

如果考虑神经网络模型的动力学性态仅依赖于时间，则此时的模型是常微分方程组。如果不仅考虑动力学性态依赖于时间而且还考虑时间的延迟，那么，这时的神经网络模型是泛函微分方程组。然而，严格地讲，由于神经网络是通过电子电路实现的，其电热效应不可避免，又由于电磁场的密度一般来说是不均匀的，电子在不均匀的电磁场运行过程中，势必涉及扩散问题，因此，研究神经网络的动力学性态时不仅要考虑时间延迟，

还要研究状态空间对系统的影响。然而，时滞产生的振荡和不稳定性现象往往影响一个网络的稳定性，因此研究具有常时滞的反应扩散神经网络的动力学性态更有理论和实际意义。

第三节　时滞神经网络同步控制的研究方法

目前针对时滞系统的时域分析方法主要可分为模型变换方法和自由权矩阵方法。模型变换方法主要是将一个具有离散时滞的系统通过牛顿-莱布尼茨公式，转化为一个具有分布时滞的新系统，再对这个新系统进行讨论。主要的模型变换可以分成如下四类：①一阶模型变换；②中立型模型变换；③基于 Moon 等提出的不等式模型变换；④广义系统模型变换。对于上述四种模型变换，Gu 等指出，经过模型变换①和②后，变换后的新系统将产生附加特征值，新系统和原系统并不是等价的，因而用新系统讨论稳定性不可避免地存在保守性。另外，①和②在推导中所用到的放大不等式有较大的保守性。模型③明显改进了使用不等式放大技术的保守性。模型变换④结合了 Moon 不等式，近几年来得到了非常广泛的应用。从本质上，模型变换④是模型变换③的一个变化形式，从数值例子可以看出，其结果稍优于模型变换③，但理论上很难说明其优越性。这四种模型变换方法简单，对稳定性和性能分析基本上都能用 LMI 求解。除模型变换②，其他三种模型变换都能用来讨论具有时变时滞的系统。特别地，模型变换③和④，由于极大地克服了模型变换①和②的保守性，已经成为目前解决时滞依赖问题的主要方法。但是，③和④两类模型变换存在一定的局限性。在进行稳定性和性能分析时，它们本质上是基于牛顿-莱布尼茨公式替换 Lyapunov 泛函导数中含有时滞的项，但这种替换实质上是一种固定权替换方法。当对控制器进行设计时，广义系统模型变换方法与 Moon 不等式相结合，有可能需要一些附加限制才能得到基于 LMI 表示的条件，此时也可以使用迭代线性矩阵不等式（Iterative Linear Matrix Inequality, ILMI）方法，其缺点是算法较为复杂。

自由权矩阵方法的主要思想是采用未知的自由权矩阵，即根据牛顿-莱布尼茨公式，将附加项加入 Lyapunov 泛函的导数中，其最优值可以通过 LMI 的解来获得，这样就可以克服固定权矩阵的保守性。该方法可以看成 Fridman 广义模型变换方法的进一步改善。由于此种方法有很小的保守性，且原理简单、证明简洁，故获得了广泛的应用。

第四节　时滞神经网络在电力系统中的应用分析

一、电力系统研究现状

稳定性作为非线性科学的主要组成部分，对其研究能够加深人们对非线性系统的认识，丰富了非线性科学的研究内容，加大了非线性研究的深度。另外，时滞作为自然界和实际工程中存在的一种普遍现象，如何控制和减少时滞所带来的负面影响，是当今非线性系统研究的重要课题。电力系统的安全运行，保障了人们日常生活的有序开展和国民经济的正常发展，改善和提高它的稳定性，一直是电力科学工作者的奋斗目标。时滞是电力系统运行中不可避免的现象，对系统的安全稳定构成了极大的威胁，因此，“稳定性”与“时滞”是电力系统研究中不可回避的话题。因此，对时滞电力系统的 Lagrange 稳定性和 Lyapunov 稳定性进行分析，既可进一步丰富稳定性研究的内容，又可防止危及电力系统安全运行因素的出现。

而目前针对电力系统非线性动力学行为的分析与控制研究主要集中在：分析电力系统发生分岔现象以及发生分岔现象的条件；分析电力系统发生混沌的条件以及对电力系统稳定的影响；运用分岔、混沌控制延迟方法来抑制甚至消灭电力系统分岔、混沌现象的发生，以扩大电力系统的安全稳定域；研究柔性交流输电系统对电力系统分岔、混沌的影响；采用混沌序列分析法进行负荷预报等。

稳定控制是电力系统研究的一个基础课题，尽管经过国内外众多学者近几十年的努力，建立了较为系统的稳定分析控制架构，开发了一些成熟的系统稳定分析软件。但对电力系统中某些问题的认识，还存在一定的分歧和不足，例如，电压失稳、功角失稳机理的解释，两者的联系和区别；新型柔性交流输电系统（FACTS）器件、分布式发电装置等对系统稳定性的影响；大扰动的定量分析方法；市场环境下电力系统安全经济运行控制等。分岔、分岔控制、混沌等新理论与分析方法的出现，使得在电力系统中此类问题的解决成为可能。由观察的失稳场景来看，电压失稳通常以单调失稳形式出现，由鞍结分岔引起；而功角失稳通常以振荡失稳形式出现，由 Hopf 分岔诱发，例如，1987 年日本东京大停电和 1996 年美国西部大停电等，均是由负荷持续上升引起鞍结分岔，从而诱发电压崩溃的。而

1995年斯里兰卡电网事故以及1992年8月的美国中西部电力事故则是由Hopf分岔诱发的振荡失稳引起的。实际上，动态负荷调节特性、负荷侧电压控制器的调节均有可能导致电压振荡失稳，功角失稳也有可能是由鞍结分岔引起的单调失稳。

加拿大滑铁卢大学Camzares教授首次引入了静态负荷裕度（static load margin）和动态负荷裕度（dynamic load margin）的概念，通过这两个负荷裕度概念来详细描述分岔机理。其中静态负荷裕度由鞍结分岔或不稳定的极限诱导分岔决定，分岔点的负荷因子为系统静态负荷裕度，在此情况下，电力系统的微分代数方程（DAE）无解，系统单调失稳；而动态负荷裕度由Hopf分岔决定，它诱发系统振荡失稳，Hopf分岔点的负荷因子为系统动态负荷裕度。我们知道，单调失稳和振荡失稳是电力系统中两种不同性质的失稳问题，它们分别对应非线性动力学中的鞍结分岔（包括不稳定极限诱导分岔）和Hopf分岔，从模型微分代数方程分岔行为的角度对两种失稳形式进行研究，从根本上揭示了物理现象中所涵盖的数学本质，为电力系统稳定性研究控制提供了的新方法和新思路。

国内外研究学者从“域”的角度提出了许多电力系统稳定标识，如基于状态空间的暂态稳定域以及基于参数空间的可行域等。Bramanian等首先提出了参数空间域的概念，它指出，当系统在参数空间变化时，与之对应的状态空间也改变，但保持拓扑等价，直到遇到分岔界面。参数空间域的边界由局部分岔以及全局分岔组成，但是全局分岔从广义角度来讲在开的参数空间上是稠密的，这会导致对参数空间域的求解困难。所以，后来Bramanian等又在此基础上，提出了一种更为简单实用的参数空间——可行域（feasibility region），又称小扰动稳定域。电力系统可行域是指在这样的参数空间区域内，当电力系统受到小扰动（如负荷的连续变化）偏离其稳定平衡点时，系统具有回到原来稳定运行点周围的能力。由于电力系统运行状态是由参数唯一确定的，所以对参数空间“域”的研究十分重要，同时计算参数（包括系统参数和运行参数）的允许范围也对系统的运行与设计具有极大的指导作用。

在电力系统中，各类同步机得到广泛应用的同时，还注意到它们的周期特性会使得系统存在多个平衡位置，那么电力系统中多种多样的动力学特性也会随之出现，其研究也远远超出了经典Lyapunov稳定性的研究范畴。多平衡位置系统本身的复杂性也要求对系统总体性质开展研究，需要借助于对一些摆等系统运动特征的全面分析，得到另外一些有意义的动态性能，如Lagrange稳定性。对电力系统Lagrange稳定性的研究涉及电力系统的全局性质，而非单个平衡点附近的局部性质，因而对它的研究要远比

Lyapunov 稳定性的研究困难。

在科学和工程的不同领域中，由于实际系统不同，关于信息处理和数据传输的能力也不同，往往会造成时间上的延迟，如通信网络、经济、生物等。控制环中的时滞现象通常会导致系统不稳定或者性能变差，因此，对时滞电力系统的 Lagrange 稳定特性研究是非常有意义的。

随着电力系统互联网的不断扩大、发电形式多样化，以及大批自动化程度较高的调节控制装置的使用，电力系统的自愈能力越来越强，越来越类似于生态系统。因此，借鉴生态系统的稳定性概念研究电力系统具有重要意义。对于一个相对成熟的生态系统，系统中的各种变化只要不超出一定限度，生态系统的结构与功能就不会发生大的改变，这就是生态系统的稳定性。这是一个值得借鉴的概念。在电力系统中，针对某个平衡点的渐近稳定性已经不再重要，只要电力系统能够从一个平衡点过渡到另一个平衡点，或者在某个域内振荡（振幅是在系统能够承受的范围内），就可认为电力系统是稳定的。从系统的特点看，电力系统是一类具有概周期性的非线性系统，因此采用 Lagrange 稳定性是符合工程要求的。

特别值得提出的是，殷明慧等研究了一类基于轨迹的稳定性及其在电力系统的验证分析，基于已有的电力工程实用方法，建立了一类基于轨迹 Lagrange 稳定性的数学描述及其判定方法；提出了轨迹稳定性和摆次平稳性的概念，并给出了应用轨迹几何特征（动态鞍点）来判断轨迹稳定性的充分条件。通过对新英格兰（10 机 39 母线）电力系统 249 个算例的仿真计算，验证了这一理论在电力系统工程上的有效性。同时，研究结果也为电力工程及其他领域应急控制下的基于轨迹稳定分析判定方法奠定了数学理论基础。

动力系统中的任何非线性环节都会对其稳定性产生影响，电力系统也不例外。尤其是在电力系统中控制器的饱和非线性环节，可能会对电网的稳定性造成很大的影响，然而这点常常被大多数人忽视。所以，分析饱和非线性对电力系统稳定性的影响也十分重要。随之而来的解析方法，即从饱和系统稳定域的角度分析电力系统的稳定性问题越来越受人们的重视和关注。通常情况下，刻画饱和系统稳定域边界是十分困难的，很多学者便利用 Lyapunov 直接法来估计饱和系统稳定域，在此方面已取得了很大的进展。特别是 LMI 的出现，为求解电力系统稳定域问题提供了新的研究思路与技术方法。许多稳定器设计指标与约束条件都可以表示成 LMI 的形式，从而可用凸优化算法得到精确解答。

二、电力系统的应用案例

案例1　发电机的参数辨识仿真算例

利用发电机端PMU检测得到的发电机功角数据，分别对发电机d轴参数和q轴参数进行辨识。仿真系统如图5-3所示。

仿真时所设的参数为$x_d=1.827$，$x'_d=0.307$，$x''_d=0.194$，$T'_{d0}=1.22$，$T''_{d0}=0.127$，$K=200$，$x_q=1.903$，$x''_q=0.208$，$T''_{q0}=0.177$。

同步发电机五阶模型矗轴辨识结果如表5-1所示。

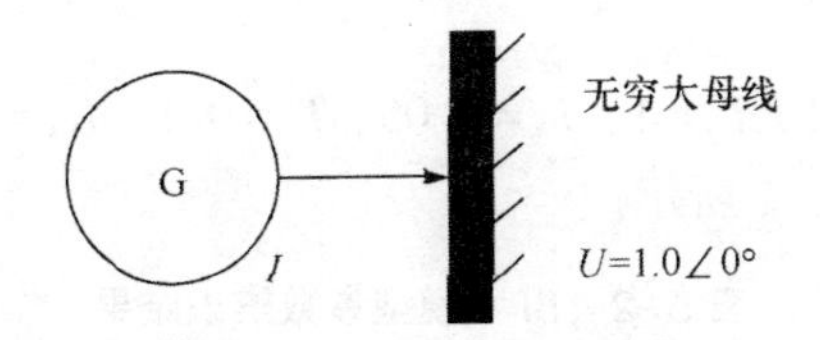

图5-3　单机无穷大系统

表5-1　d轴参数辨识结果

参数	x_d	x'_d	x''_d	T'_{d0}	T''_{d0}	K
搜索下限	0.01	0.001	0.001	0.01	0.001	1
搜索上限	6	1	1	5	1	400
混合遗传算法辨识结果	1.8717	0.2681	0.1833	0.1970	0.1313	202.4372
混合遗传算法辨识误差/%	2.279	6.156	5.515	1.885	3.386	1.219
SPPSO辨识结果	1.9134	0.3125	0.1892	1.1810	0.1285	204.6517
SPPSO辨识误差/%	4.730	1.792	2.474	3.197	1.181	2.326

案例2　励磁系统的参数辨识仿真算例

对BPA-FV励磁系统模型进行参数辨识，图5-4为该励磁系统模型的Simulink仿真图。

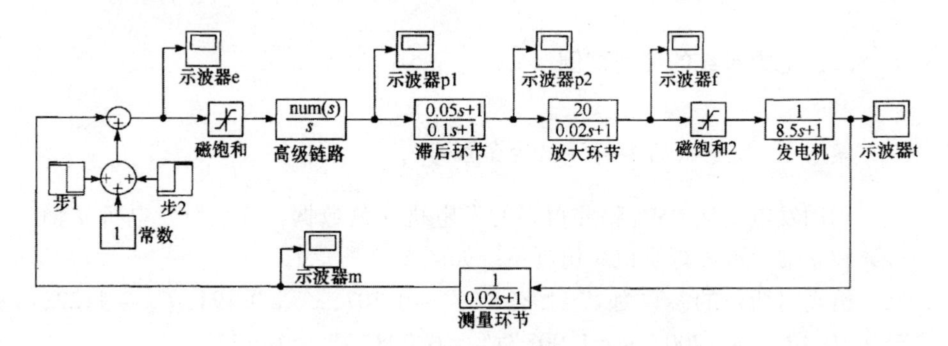

图 5-4 BPA 模型 Simulink 仿真图

其参数设定为

$K=0.961$，$T_1=1$，$T_2=1$，$T_3=0.05$，$T_4=0.1$，$K_A=20$，$T_A=0.02$

辨识结果如表 5-2 所示。

表 5-2 BPA 模型参数辨识结果

参数	K	T_1	T_2	T_3	T_4	K_A	T_A
搜索下限	0.01	0.01	0.01	0.001	0.001	1	0.0001
搜索上限	6	5	5	1	1	40	0.1
混合遗传算法辨识结果	0.9318	0.9448	1.0388	0.0523	0.1076	20.3531	0.0204
混合遗传算法辨识误差/%	3.14	5.52	3.88	4.06	7.60	1.77	2.00
SPPSO 辨识结果	0.9917	1.0321	1.0484	0.0488	0.1085	19.8050	0.0206
SPPSO 辨识误差/%	3.19	3.21	4.84	2.40	8.50	0.97	3.00

案例 3　负荷的参数辨识真算例

建立的负荷 TVA 模型的仿真过程中，突然切去某负荷，0.1 s 后恢复，根据 PMU 监测数据辨识系统模型参数，结果如表 5-3 所示。

表 5-3　负荷参数辨识结果

参数	R_s	T'	X	X'	H	A	B
混合遗传算法辨识结果	0. 199	64. 956	2. 378	2. 245	1. 0196	0. 534	0. 508
SPPSP 辨识结果	0. 200	62. 327	2. 055	0. 245	1. 189	0. 419	0. 570
参数	R_{pm}	M_{lf}	K_{pp}	K_{pz}	K_{Qp}	K_{Qz}	-
混合遗传算法辨识结果	0. 594	0. 421	0. 401	0. 375	0. 227	0. 203	-
SPPSO 辨识结果	0. 605	0. 410	0. 415	0. 394	0. 292	0. 191	-

负荷模型有功功率和无功功率的拟合曲线分别如图 5-5 和图 5-6 所示。

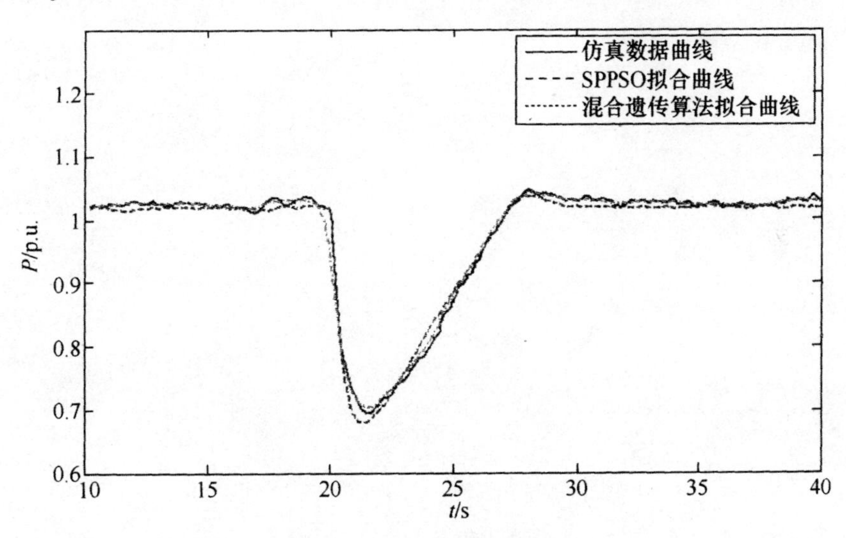

图 5-5　有功功率拟合曲线

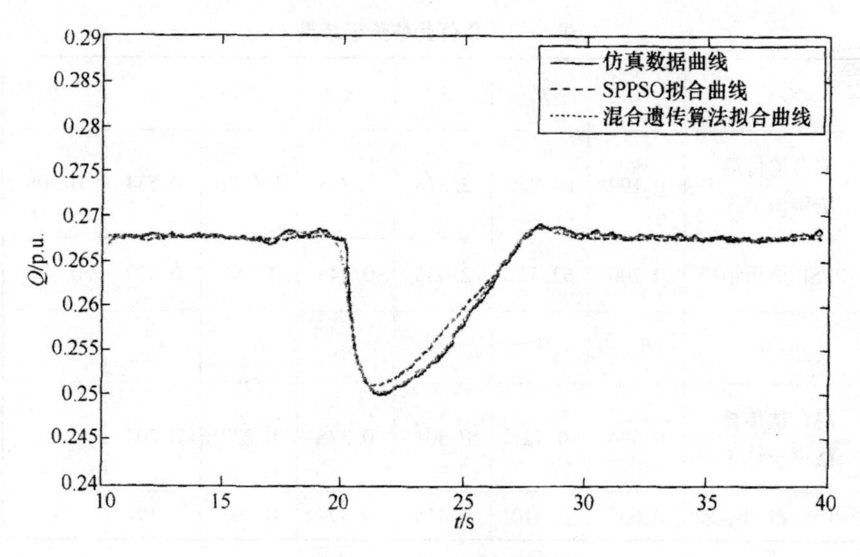

图 5-6　无功功率拟合曲线

第六章　CMAC 网络及其控制实现

1975 年，J. S. Albus 模拟肢体运动的小脑控制小脑模型神经网络理论建立了。小脑模型关节控制器是一个复杂的非线性函数表查询的自适应神经网络学习算法，可以通过内容的变化表。CMAC 神经网络的非线性逼近能力较好。它广泛应用于故障诊断、传感器测量、冶金过程控制过程控制和化学。

第一节　CMAC 网络模型与结构

Albus 基于小脑的 3 层结构，提出的 CMAC 模型如图 6-1 所示。下面对网络的输入输出关系 $Y=F(S)$ 分解为以下 4 个步骤详细说明。

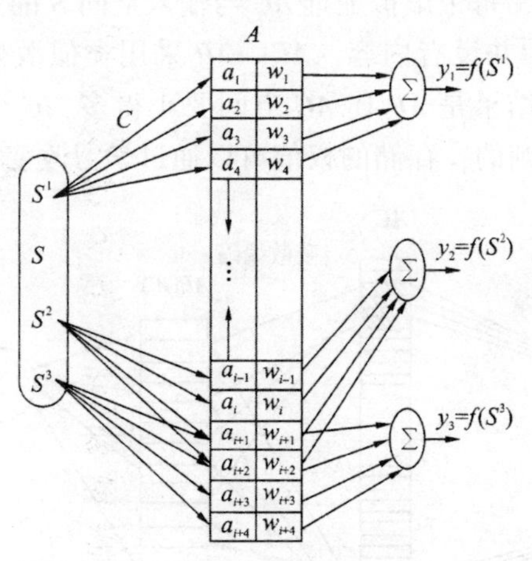

图 6-1　CMAC 网络的结构

一、输入状态空间 S 的量化

CMAC 网络需要处理 10 个传感器送来的信号，每个传感器可能取 100

个不同值，那么输入空间将有 $100^{10}=10^{20}$个点。

二、概念映射 $S\to AC$

概念映射实现从输入空间 S 至概念（虚拟）存储器 AC 的映射。映射原则为：状态空间 S 中的每个点与 AC 中分散的 C 个单元相对应；输入空间邻近两点（一点为一个输入 n 维向量）在 AC 中有部分重叠单元被激励。距离越近，重叠越多；距离远的点，在 AC 中不重叠，这称为局域泛化。C 称为泛化常数。

三、实际映射 $AC\to AP$

一种最简单的压缩方法是除商取余。将 AC 中 $A*$ 的地址，除以一个大的质数，得到的余数作为一个伪随机码表示为 AP 的地址。例如，如果在 AC 中有 2^8个地址，而 AP 中只有 16 个地址。那么取 17 这个质数为除数，其余数即为 AP 中的地址。这样就可达到由 2^8的地址映射到 16 个地址中去的目的。

显然，“碰撞”是可能的。AC 中不同的地址，在 AP 中却被映射到同一个地址。但一般情况，只要适当选大 C 和 $|AP|$，碰撞的概率会变得很小。

如图 6-2 所示，每个虚拟地址 AC 与输入空间 S 的点相对应，但这个虚拟地址 AC 单元中并没有内容。$AC\to AP$ 采用类似散列编码的随机多对一的映射方法，其结果是 AP 比 AC 空间要小得多，C 个存储单元的排列是杂散的而不是规则的，存储的权值可以通过学习改变。

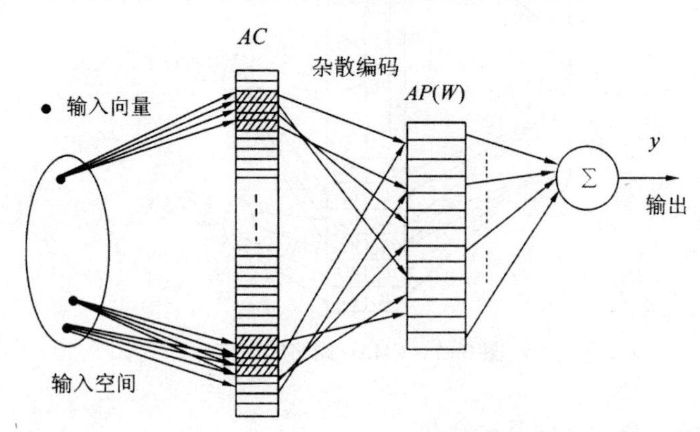

图 6-2　CMAC 网络的映射示意图

四、CMAC 的输出

对于第 i 个输出，$Y_i=F(S_i)$ 是由 AP 中 C 个权值的线性叠加而得到的。从输入到 AC 是 C 个连接，从 AC 到 AP 以及 AP 到 F（Si）都是 C 个单元连接。从 CMAC 网络结构上看是多层前馈网络，F 是权值的线性叠加，AP 到 F 和 S 到 AC 都是线性变换，AC 到 AP 是一种随机的压缩变换。

第二节 CMAC 网络的工作原理和学习算法

一、CMAC 网络的工作原理

（一）CMAC 网络的生理学基础

人的小脑能够感知和控制运动，但小脑对运动的协调不是天生的。精巧的肢体动作需要学习或训练才能掌握。

例如学骑自行车，最初脑不知道如何协调肌肉的运动，每一步动作都要求大脑发布命令支配相应肌群活动。这需要集中精力，缓慢地完成希望的动作。在这训练过程中，小脑不断学习，接收大脑与肌肉运动反馈来的信息并予以逐步协调、存储。小脑学会一种技巧的协调后，大脑便得以解放：只需发出动作开始的命令，小脑就能自动协调各个肌群配合，完成相应动作。

小脑神经结构的规整性、可塑性和能快速反应等特点有利于它参与脑内许多信息处理的任务，成为多个功能系统的组成部分。关于小脑皮层如何通过学习，学会对运动的协调，有理论提出小脑是一个特殊的感知机。

（二）CMAC 网络的基本思想

CMAC 神经网络是类似于人类小脑的一种学习结构，其映射过程如图 6-3 所示。输入状态空间 S 的维数由被控系统决定。对于模拟量输入 S 需要进行量化，然后才能被映射到存储区 A，状态空间中的每一个点将同时激活虚拟地址 A 中的 C 个单元，然后把 A 通过杂散编码映射到一个小得多的实际地址 D 中，网络输出就是对应实际地址内权值的和。

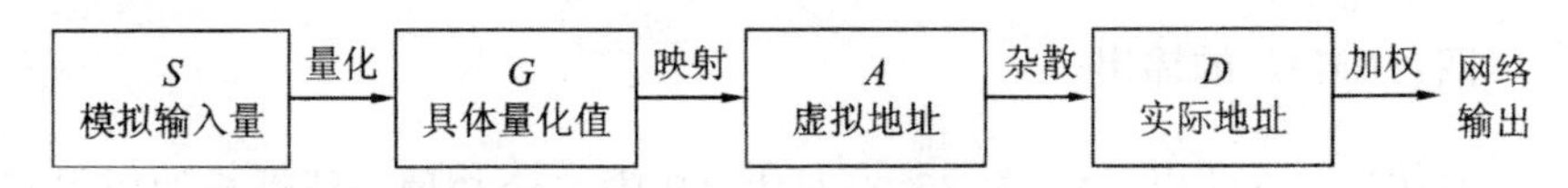

图 6-3　CMAC 神经网络映射过程

CMAC 神经网络计算分 4 个步骤：

（1）量化。将输入空间进行划分，其个数就是量化的级数，对应着输入模拟量的分辨率。

（2）虚拟地址映射（概念映射）。每一个经过量化后的输入会激励虚拟地址 A 中的 C 个单元（C 为范化参数，它规定了网络内部影响网络输出的区域大小）。

（3）实际地址映射（实际映射）。利用杂散编码技术将上述虚拟地址压缩到一个相对于虚拟地址小得多的实际地址 D 中。

（4）神经网络输出。对应实际地址的权值相加即得到了神经网络的输出。

可见，CMAC 网络的工作过程是基于表格查询（Table-Lookup）的输入至输出的一种非线性映射。这与小脑指挥运动时，不假思索地作出条件反射式迅速响应的特点是一致的。

（三）CMAC 网络的特点

（1）学习收敛速度快，实时性强。由于利用了联想记忆和先进的查表技术，CMAC 网络的收敛速度很快，实时控制能力强。

（2）局部泛化能力。由于相邻两个输入参考状态至少对映使用共同记忆单元 1 个以上，输入状态空间中相似的输入，将产生相似的输出；相隔较远的的输入状态将产生独立的输出。因此，小脑模型是一种局部学习网络，它的联想具有局部推广（或称泛化）能力。

（3）易于软硬件实现。

（四）CMAC 与 RBF 神经网络的比较

CMAC 与 RBF 神经网络均为局部连接神经网络，具有大体相似的结构特点。

图 6-4 是一个 3 层的部分连接神经网络。r 维输入向量 $\boldsymbol{X}_1 = [x_1, x_2, x_3, \cdots x_r]$ 通过输入层进入隐含层，包含 m 个节点，通过具有基函数的函数（根据具体网络和隐含层输出），最终得到 s 输出网络，并在训练权值后相乘。网络输出层第 k 个结点的输出 y_k 是可表示为

$$y_k=\sum_{i=1}^{m}w_{kj}\alpha_j(x_i),\ k=1,\ \cdots,\ s;\ i=1,\ \cdots,\ r$$

其中，$\alpha_j(x)$表示隐含层第j个结点所对应的基函数，w_{kj}表示隐含层第j个结点同输出层第i个结点间的连接权值。

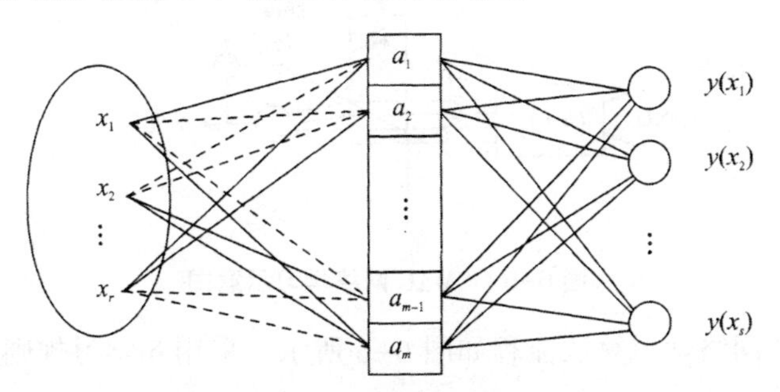

图 6-4 局部连接神经网络结构图

1. CMAC 采用方形基函数

CMAC 网络的隐层由一组量化感知器组成，每个输入矢量只影响隐层的 C 感知器，使其输出 1，而另一个传感器输出为 0。因此，可以看出，CMAC 使用一个简单的平方基函数：

$$\alpha_j(x_i)=\begin{cases}1,\ j\in\Phi\\0,\ j\notin\Phi\end{cases}$$

其中，$\alpha_j(x_i)$表示第j个感知器对应的基函数，Φ表示第i个输入向量$\boldsymbol{X}$对应的C个感知器的集合。

2. RBF 神经网络采用高斯（Gaussian）型基函数

RBF 神经网络采用高斯（Gaussian）型基函数来实现输出层同隐含层之间的映射，高斯函数如下所示：

$$\alpha_j(x)=\frac{\|X-c_j^2\|}{\delta_j^2}$$

这是c_j是j个基函数的中心点，δ_j称为拉伸常数。用于$\alpha_j(\mathrm{x})$确定每个径向根神经元的面积宽度与其输入向量，即$\boldsymbol{X}$与$\boldsymbol{c}_j$和距离之间的距离。

二、CMAC 学习算法

图 6-5 给出 CMAC 网络学习示意图。设输入空间向量为$u_p=[\boldsymbol{u}_{1p},\ u_{2p},\ \cdots,\ u_{np}]^{\mathrm{T}}$，量化编码为$[u_p]$，输入空间映射至$AC$中$C$个存储单元。采用下式表示映射后的向量：

$$\boldsymbol{R}_p=\boldsymbol{S}([u_p])=[s_1(u_p),\ s_2(u_p),\ \cdots,\ s_C(u_p)]^{\mathrm{T}}$$

式中，$s_j([u_p])=1,\ 2,\ \cdots,\ C$。

网络的输出为 AP 中 C 个单元的权值的和。只考虑单输出：

$$y(t)=\sum_{j=i}^{c} w_j s_j([u_p])$$

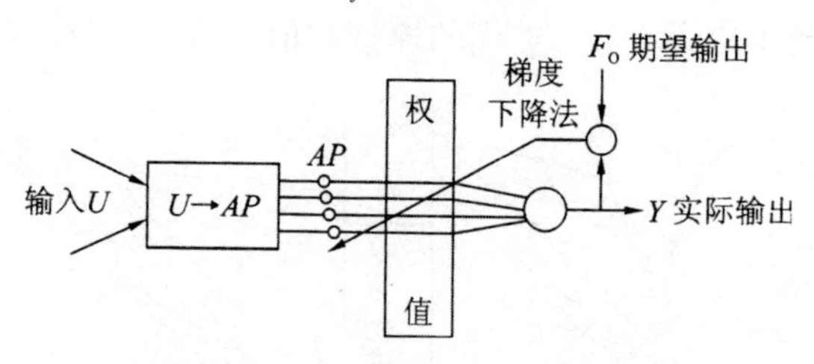

图 6-5　CMAC 网络学习示意图

CMAC 网络学习算法流程如图 6-6 所示，采用 δ 学习规则调整权值，权值调整指标为：

$$E(t)=\frac{1}{2C}e(t)^2=\frac{1}{2C}(r(t)-y(t))^2$$

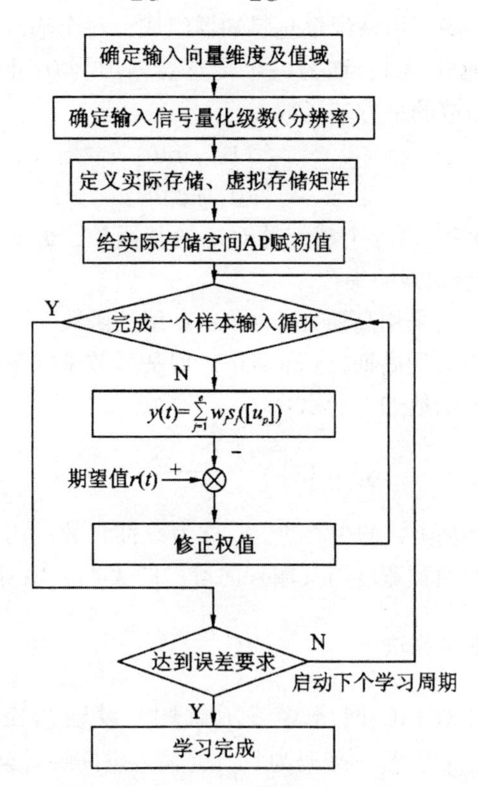

图 6-6　CMAC 网络学习算法流程图

由梯度下降法，权值按下式调整：

$$\Delta w_j(t)=-\frac{1}{\eta(t)}\frac{\partial E}{\partial w}=\frac{1}{\eta(t)}\frac{(r(t)-y(t))}{\mathrm{C}}\frac{\partial y}{\partial w}=\frac{1}{\eta(t)}\frac{e(t)}{\mathrm{C}}$$

式中，$w=[w_1,\ w_2,\ \cdots,\ w_c]^{\mathrm{T}}$，$\eta(t)$是学习率。

第三节　CMAC 网络在机器人手臂控制中的应用

CMAC 和传统的自适应控制器相比具有期望的学习精度和学习速度。此外，在学习的时候，由于控制信号是直接从查找存储特征值的存制器得到的，所以控制信号瞬时得到，而且神经控制器包含关于对象和系统线性化没有限制，并且在噪声环境下似乎完成得也比较好。图 6-7 给出的是一个 CMAC 和机器人关节臂相连的系统。

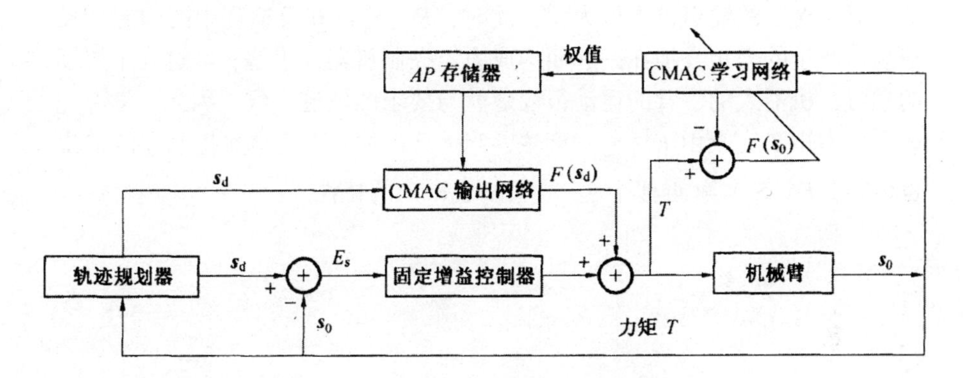

图 6-7　CMAC 网络在机械臂控制中的应用

机械臂的动力学方程为：

$$\ddot{\theta}=g(\theta,\ \dot{\theta},\ T)$$

式中，θ，$\dot{\theta}$，$\ddot{\theta}$ 分别表示机械臂关节的角度、角速度和角加速度，T 为机器人手臂关节驱动力矩。如果有多个关节，这些量均为矢量。在关节上加一定的力矩 T，方能够使机器人关节上有角加速度，力矩表达式为：

$$\boldsymbol{T}=g^{-1}(\theta,\ \dot{\theta},\ \ddot{\theta})$$

式中，g^{-1}是 g 函数的反函数，描述了机械臂动力学特征。如果 g 已知 g^{-1}存在，则可以计算出 $\boldsymbol{T}$ 来，但是 g^{-1}未知，用 CMAC 来学习函数 g^{-1}，即希望 CMAC 的映射与 g^{-1}一致。

系统的工作过程如下：由作用到机械臂的实际输出 θ，$\dot{\theta}$，$\ddot{\theta}$（即实际输出状态 s_0）构成 CMAC 学习网络的输入空间，在学习过程中网络的权值存储在 AP 存储器中。CMAC 输出网络是专供输出使用的，它与 CMAC 学习网络共用 AP 存储器，该网络的输入空间为参考状态 S_d，输出 $F(S_d)$。此外，在 S_d和 S_0之间有误差 E_s，经过固定增益控制器产生误差驱动力矩 $\boldsymbol{T}$。

系统开始运行时，AP 存储器设置为零，那么第一次运行的输出 $F(S_d)=0$，此时，固定增益控制器将误差 E_s放大之后，直接控制机器人的手臂关节。可见，初始的力矩最先是由误差增益控制器来进行控制的。在一个周期后，从作用到手臂上的实际输出 θ，$\dot{\theta}$，$\ddot{\theta}$ 作为输出状态 S_0的状态值，用 CMAC 学习网络完成对 AP 存储器中权值的修改

$$\Delta w(n)=\frac{\eta[T-F(s_0)]}{c}$$

式中，T 为控制周期中实际加在机器人手臂上的力矩；$F(S_0)$ 是 CMAC 网络在 S_0输入后的输出。经过学习后，AP 内存中的权不再为零，那么 $F(S_d)$ 的输出也不再为零，此时，$F(S_d)$ 和反馈环中的固定增益控制器产生的力矩叠加在一起而构成力矩控制机器人手臂，经过几个周期的学习，机器人的手臂的运动很快地就与要求的轨迹一致。因此，学习完成后，力矩 T 完全由 $F(S_d)$ 产生，当 $E_s=0$ 时，固定增益控制器的输出也为零，$F(S_d)$ 就近似于 $g^{-1}(\theta,\dot{\theta},\ddot{\theta})$ 的特性。

第七章　模糊神经网络控制系统及应用分析

模糊控制系统和神经网络作为两种不同的机器学习方法，它们既有区别，又有内在的一致性。本章从模糊控制理论和神经网络各自的特点出发，讨论这两大系统的联系和区别，并探讨模糊控制系统与神经网络的进一步有机的结合。

第一节　模糊控制理论基础

一、模糊集合及其运算

（一）模糊集合概念

给定论域 U，U 到［0，1］闭区间的任一映射 $\mu_{\underset{\sim}{A}}$：

$$\mu_A: \begin{array}{l} \boldsymbol{U} \rightarrow [0,\ 1] \\ \boldsymbol{u} \rightarrow \mu_A(u) \end{array}$$

确定 U 的一个模糊集 $\underset{\sim}{\mathbf{A}}$，映射 $\mu_{\underset{\sim}{A}}(\mathrm{u})$ 称为模糊集 $\underset{\sim}{\mathbf{A}}$ 的隶属度函数。$\mu_{\underset{\sim}{A}}(\mathrm{u})$ 的取值范围为闭区间［0，1］，其大小反映了 u 对于模糊集 $\underset{\sim}{\mathbf{A}}$ 的隶属程度。隶属度 $\mu_{\underset{\sim}{A}}(u)$ 的值越大，表示 u 属于 $\underset{\sim}{\mathbf{A}}$ 的程度越高。

可用序对方式表示：

$$\mathbf{A} = \{(\mu,\ \mu_A(u) \mid u \in \boldsymbol{U}\}$$

还可用积分形式表示：

$$A=\begin{cases}\int_U \frac{\mu_A(u)}{u} & U\text{连续}\\ \sum_{i=1}^{n}\frac{\mu_A(u_i)}{u_i} & U\text{离散}\end{cases}$$

（二）模糊集合的基本运算

设任意元素 $u \in \boldsymbol{U}$，则 u 对 $\underset{\sim}{\mathbf{A}}$ 与 $\underset{\sim}{\mathbf{B}}$ 的交集、并集和 $\underset{\sim}{\mathbf{A}}$ 的补集的隶属度函数分别定义如下：

交运算（AND 运算）：$\mu_{\underset{\sim}{A}\underset{\sim}{B}}(u)=\min\{\mu_{\underset{\sim}{A}}(u), \mu_{\underset{\sim}{B}}(u)\}$

并运算（OR 运算）：$\mu_{\underset{\sim}{A}\underset{\sim}{B}}(u)=\max\{\mu_{\underset{\sim}{A}}(u), \mu_{\underset{\sim}{B}}(u)\}$

补运算（NOT 运算）：$\mu_{\underset{\sim}{A}}=1-\mu_{\underset{\sim}{A}}(u)$

模糊集合运算的基本性质如下：

幂等律：$\underset{\sim}{\mathbf{A}}\cup\underset{\sim}{\mathbf{A}}=\underset{\sim}{\mathbf{A}}$，$\underset{\sim}{\mathbf{A}}\cap\underset{\sim}{\mathbf{A}}=\underset{\sim}{\mathbf{A}}$

交换律：$\underset{\sim}{\mathbf{A}}\cap\underset{\sim}{\mathbf{B}}=\underset{\sim}{\mathbf{B}}\cap\underset{\sim}{\mathbf{A}}$，$\underset{\sim}{\mathbf{A}}\cup\underset{\sim}{\mathbf{B}}=\underset{\sim}{\mathbf{B}}\cup\underset{\sim}{\mathbf{A}}$

结合律：$(\underset{\sim}{\mathbf{A}}\cup\underset{\sim}{\mathbf{B}})\cup\underset{\sim}{\mathbf{C}}=\underset{\sim}{\mathbf{A}}\cup(\underset{\sim}{\mathbf{B}}\cup\underset{\sim}{\mathbf{C}})$，$(\underset{\sim}{\mathbf{A}}\cap\underset{\sim}{\mathbf{B}})\cap\underset{\sim}{\mathbf{C}}=\underset{\sim}{\mathbf{A}}\cap(\underset{\sim}{\mathbf{B}}\cap\underset{\sim}{\mathbf{C}})$

分配率：$\underset{\sim}{\mathbf{A}}\cap(\underset{\sim}{\mathbf{B}}\cup\underset{\sim}{\mathbf{C}})=(\underset{\sim}{\mathbf{A}}\cap\underset{\sim}{\mathbf{B}})\cup(\underset{\sim}{\mathbf{A}}\cap\underset{\sim}{\mathbf{C}})$，$\underset{\sim}{\mathbf{A}}\cup(\underset{\sim}{\mathbf{B}}\cap\underset{\sim}{\mathbf{C}})=(\underset{\sim}{\mathbf{A}}\cup\underset{\sim}{\mathbf{B}})\cap(\underset{\sim}{\mathbf{A}}\cup\underset{\sim}{\mathbf{C}})$

吸收率：$\underset{\sim}{\mathbf{A}}\cap(\underset{\sim}{\mathbf{A}}\cup\underset{\sim}{\mathbf{B}})=\underset{\sim}{\mathbf{A}}$，$\underset{\sim}{\mathbf{A}}\cup(\underset{\sim}{\mathbf{A}}\cap\underset{\sim}{\mathbf{B}})=\underset{\sim}{\mathbf{A}}$

两极律：$\underset{\sim}{\mathbf{A}}\cap\mathbf{X}=\underset{\sim}{\mathbf{A}}$，$\underset{\sim}{\mathbf{A}}\cup\mathbf{X}=\underset{\sim}{\mathbf{A}}$，$\underset{\sim}{\mathbf{A}}\cap\mathbf{\Phi}=\mathbf{\Phi}$，$\underset{\sim}{\mathbf{A}}\cup\mathbf{\Phi}=\underset{\sim}{\mathbf{A}}$

即

$$\underset{\sim}{\mathbf{A}}\cup\overline{\underset{\sim}{\mathbf{A}}}\neq\mathbf{U},\ \underset{\sim}{\mathbf{A}}\cap\overline{\underset{\sim}{\mathbf{A}}}\neq\mathbf{\Phi}$$

二、模糊关系与模糊逻辑推理

（一）模糊关系

模糊关系是模糊集合，所以它可以用表示模糊集合的方法来表示。当 $\mathbf{X}=\{x_1, x_2, \cdots x_n\}$ 和 $\mathbf{Y}=\{y_1, y_2, \cdots, y_m\}$ 是有限集合时，定义在 $\mathbf{X}\times\mathbf{Y}$ 上的模糊关系 R 可用如下的 $n\times m$ 阶矩阵来表示：

$$\boldsymbol{R}=\begin{bmatrix}\mu_R(x_1, y_1) & \mu_R(x_1, y_2) & \cdots & \mu_R(x_1, y_m)\\ \mu_R(x_2, y_1) & \mu_R(x_2, y_2) & \cdots & \mu_R(x_2, y_m)\\ \vdots & \vdots & \vdots & \\ \mu_R(x_n, y_1) & \mu_R(x_n, y_2) & \cdots & \mu_R(x_n, y_m)\end{bmatrix}$$

(二) 模糊关系的合成运算

模糊关系的交、并、补运算规则如下：

交运算：$\mathbf{R} \cap \mathbf{S} \leftrightarrow \mu_{R \cap S}(x, y) = \mu_R(x, y) \wedge \mu_S(x, y)$

并运算：$\mathbf{R} \cup \mathbf{S} \leftrightarrow \mu_{R \cup S}(x, y) = \mu_R(x, y) \vee \mu_S(x, y)$

补运算：$\bar{\mathbf{R}} \leftrightarrow \mu_{\bar{R}}(x, y) = 1 - \mu_R(x, y)$

其中，“ ∧ ”是交运算的符号，表示取极小值；“ ∨ ”是并的符号，表示取极大值。

设 X、Y、Z 是论域，R 是 X 到 Y 的一个模糊关系，S 是 Y 到 Z 的一个模糊关系，R 到 S 的合成 T 也是一个模糊关系，记为 $T = R \circ S$，它的隶属度如下：

$$\mu_{R \circ S}(x, z) = \bigvee_{y \in Y} (\mu_R(x, y) * \mu_S(y, z))$$

其中，“ * ”是二项积算子，可以有交、代数积等多种定义方式。但最为常用的是采取交运算，这时合成运算被称为“最大-最小合成"(Max-min Composition)：

$$R \circ S \leftrightarrow \mu_{R \circ S}(x, z) = \bigvee_{y \in Y} [\mu_R(x, y) \wedge \mu_S(y, z)]$$

(三) 模糊逻辑推理

模糊逻辑推理是模糊关系合成的运用之一。例如对于模糊关系为 R 的控制器，当其输入为 A 时，根据推理合成规则，即可求得控制器的输出 B。

一般情况的模糊逻辑推理，即有 n 个前提：

$$\mathbf{R}_i = (\mathbf{A}_i \to \mathbf{B}_i), \ i = 1, 2, \cdots, n$$

在或（or）的连接下：

$$\mathbf{R}^* = \mathbf{R}_1 \cup \mathbf{R}_2 \cup \cdots \cup \mathbf{R}_n$$

对前提 A^* 的推理结果 B^* 可如下求得：

$$\mathbf{B}^* = \mathbf{R}^* \circ \mathbf{A}^*$$

三、模糊控制

(一) 模糊控制基本思想

如图 7-1 所示，模糊控制和传统控制的系统结构是完全一致的。虚线内部表明了模糊控制是基于模糊化、模糊推理、解模糊等运算过程的。最常见的模糊控制系统有 Mamdani 型模糊逻辑系统和高木-关野

（TakagiSugeno）型模糊逻辑系统。

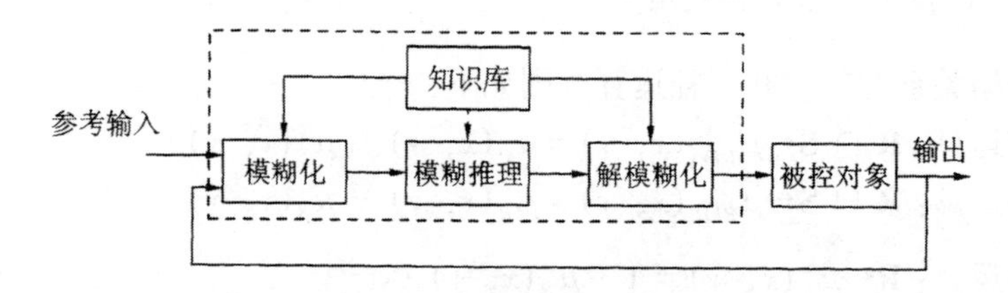

图 7-1　模糊控制原理图

现以图 7-2 所示一级倒立摆控制来简单说明模糊控制器设计的一般方法。

（1）模糊化。角和摆杆速度作为输入变量可以被定义为左摆倾角大、中、小，垂直，向右摆倾角小、中、大和几个模糊集；摆动速度是很快的离开，快与慢，平稳，缓慢和快速，对一些模糊子集很快。它们可以用模糊语言变量来表示，如 *NB*，*NM*，*NS*，*ZE*，*PS*，*PM*，*PB* 等。控制车运动的输出也可以类似地定义。然后，根据隶属函数确定每个模糊子集的隶属度。这个过程是确定成员变量模糊化的过程。

（2）模糊推理。模糊控制器通过建立一系列的模糊规则来描述各种输入所产生的作用。例如可以建立如下一些规则：

如果摆杆向左倾斜大并倒得非常快，那么小车快速向左运动；

如果摆杆向左倾斜大并倒得较快，那么小车中速向左运动；

如果摆杆向左倾斜小并倒得慢，那么小车慢速向左运动。

（3）解模糊。模糊输出量被反解成能够用于对物理装置进行控制的精确量的这个过程称为解模糊。

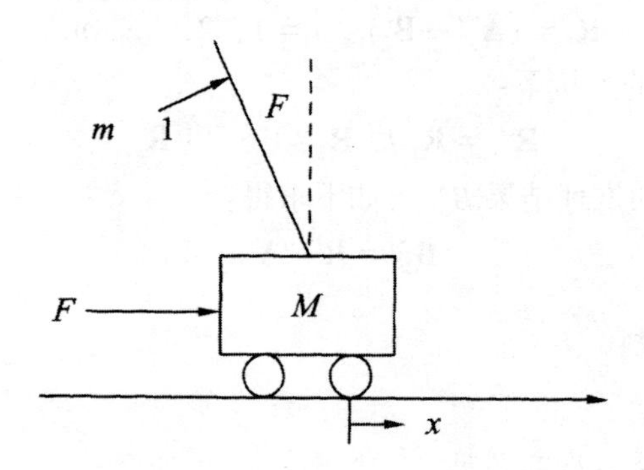

图 7-2　一级倒立摆示意图

（二）Mamdani 型模糊逻辑系统

Mamdani 模糊系统模型如图 7-3 所示。

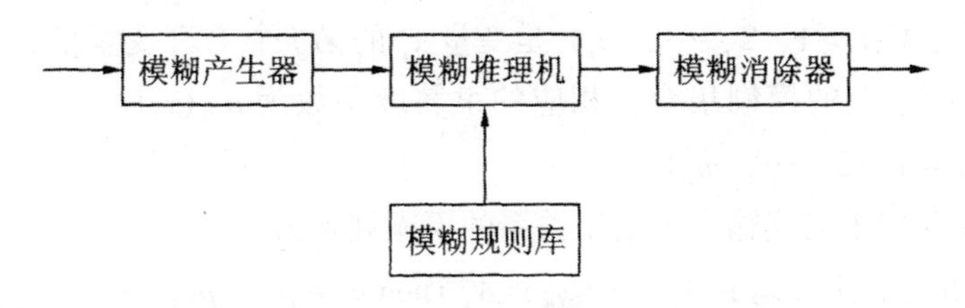

图 7-3 Mamdani 模糊逻辑系统

设输入量 X 为：

每个分量 $x_i(i=1, 2, \cdots, n)$ 均为模糊语言变量，其语言变量值为：

$$X=[x_1, x_2, \cdots, x_n]^T$$

$$T(x_i)=\{A_i^1, A_i^2, \cdots m, A_i^{m_i}\}, i=1, 2, \cdots, n$$

其中，$A_i^j(j=1, 2, \cdots, m_i)$ 是变量 x_i 的第 j 个语言变量值，它是定义在论域 U_x 上的模糊集合，相应的隶属度函数为 $\mu_{A_i^j}(x_i)$ $(i=1, 2, \cdots, n, j=1, 2, \cdots, m_i)$。输出量 u 也为模糊语言变量，其语言变量值为

$$T(u)=\{B^1, B^2, \cdots, B^{m_u}\}$$

其中，$B^j(j=1, 2, \cdots, m_u)$ 是 u 的第 j 个语言变量值，它是定义在论域 U 上的模糊集合，相应的隶属度函数 $\mu_{B^j}(u)$ 是单点集函数，即 B^j 为常数。

模糊推理规则采用“If-Then”语句：

$$\text{If } x_1 \text{ is } A_1^j, x_2 \text{ is } A_2^j, \cdots, x_n \text{ is } A_n^j \text{ Then } u \text{ is } B^j$$

模糊系统的解模糊方法通常可采用重心法：

$$u=\frac{\sum_{j=1}^{m}\left[\prod_{i=1}^{n}\mu_{A_i^j}(x_i)\right]B^j}{\sum_{j=1}^{m}\left[\prod_{i=1}^{n}\mu_{A_i^j}(x_i)\right]}=\sum_{j=1}^{m}P_j(X)B^j$$

其中

$$P_j(X)=\frac{\prod_{i=1}^{n}\mu_{A_i^j}(x_i)}{\sum_{j=1}^{m}\left[\prod_{i=1}^{n}\mu_{A_i^j}(x_i)\right]}$$

（三）T-S 型模糊逻辑系统

设输入分量 X 为

$$X = [x_1, x_2, \cdots, x_n]^T$$

每个分量 $x_i(i = 1, 2\cdots, n)$ 均为模糊语言变量，其语言变量值为：

$$T(x_i) = \{A_i^1, A_i^2, \cdots, A_i^{m_i}\}, i = 1, 2, \cdots, n$$

其中，$A_i^j(j = 1, 2, \cdots, m_i)$ 是变量 x_i 的第 j 个语言变量值，它是定义在论域 U_x 上的模糊集合，相应的隶属度函数为 $\mu_{A_i^j}(x_i) = (i = 1, 2, \cdots, n; j = 1, 2, \cdots, m_i)$。

T–S 模型中描述输入、输出关系的模糊规则为：

$$R_i: \text{If } x_1 \text{ is } A_1^j, x_2 \text{ is } A_2^j, \cdots x_n \text{ is } A_n^j \text{ Then } u^i = p_0^i + p_1^i x_1 + \cdots + p_n^i x_n$$

其中，$i = 1, 2, \cdots, m$，n 表示模糊规则的总数，且 $m \leqslant m_1 m_2 \cdots m_n$。该规则的输出 u^i 是输入变量 x_i 的线性组合。

可以求得对于每条规则的强度为：

$$w_1 = \mu_{A_1^i}(x_1) \wedge \mu_{A_2^i}(x_2) \wedge \cdots \mu_{A_n^i}(x_n)$$

模糊系统的输出量为每条规则输出量的加权平均，即

$$u = \frac{\sum_{j=1}^{m} w_j u^j}{\sum_{j=1}^{m} w_j} = \sum_{j=1}^{m} u^j \bar{w}_j$$

其中，

$$\bar{w}_j = \frac{w_j}{\sum_{j=1}^{m} w_j}$$

这里的 m 是模糊规则的数量，u^j 为第 j 条规则的输出，w_j 是队一行输入向量的第 j 条规则的适应度：

$$w_j = \mu_{A_1^j}(x_1)\mu_{A_2^j}(x_2)\cdots\mu_{A_n^j}(x_n)$$

（四）模糊控制的特点

模糊控制是建立在人工经验基础上的。模糊控制具有如下一些显著特点：

（1）无须知道被控对象的精确数学模型。

（2）易被人们接受。模糊控制的核心是模糊推理，它是人类通常智能活动的体现。

第二节　模糊系统与神经网络的融合

一、模糊系统和神经网络的联系

（一）模糊系统和神经网络的区别

1. 研究方法不同

模糊系统和神经网络虽然都属于仿效生物体信息处理机制以获得柔性信息处理功能的理论，但两者所用的研究方法却大不相同。

2. 知识表示、运用与获取不同

从系统建模的角度来看，神经网络采用典型的黑箱学习模型。当学习完成时，神经网络得到的输入、输出关系不能以可接受的方式表达。相反，模糊系统是基于容易接受的“If-Then”表达式，模糊系统将知识存储在一组集中的规则中。

（二）模糊系统和神经网络的等价性

模糊系统与神经网络系统的建立理论基础与出发点不同，但随着研究的深入，已有学者提出并证明二者是一致的、等价的。

1. 多层前向神经网络

设该多层前向神经网络具有 n 个输入神经元 $(x_1, \cdots, y_m)$，h 个隐层神经元 $(z_1, \cdots, z_h)$ 和 m 个输出神经元 $(y_1, \cdots, y_m)$，T_j 是神经元 z_j 的阈值，w_{ij} 是连接神经元 x_i 到神经元 z_j 的权值，β_{jk} 是连接神经元 z_j 到神经元 y_k 的权值，则网络功能可描述为

$$F: R^n \rightarrow R^m$$

$$F(x_1, \cdots, x_n) = (y_1, \cdots, y_m)$$

$$y_k = g_A\left(\sum_{j=1}^{h} z_j\beta_{jk}\right)$$

其中，

$$z_j = f_A\left(\sum_{i=1}^{n} x_i w_{ij} + T_j\right)$$

$f_A(\cdot)$ 为 S 形函数，即

$$f_A(x) = \frac{1}{1 + e^{-x}}$$

2. 基于规则的模糊系统

考虑如下模糊推理规则：

R_{jk}： If x_1 is A_{jk}^1 , x_2 is A_{jk}^2 and……and x_n is A_{jk}^n Then y_k is $p_{jk}(x_1, \cdots, x_n)$

其中，$p_{jk}(x_1, \cdots, x_n)$ 是关于输入的线性函数。假设系统有 n 个输入，m 个输出，规则形式是多输入单输出的（即输出 y_k 对应 l_k 个输入），由相关规则输出的加权和计算总的输出 y_k：

$$y_k = \sum_{j=1}^{l_k} v_{jk} \cdot p_{jk}(x_1, \cdots, x_n)$$

其中，v_{jk} 是对于第 k 个输出和第 j 个规则的推理强度。

3. 等价关系

规则 R_{jk} 可由神经网络中隐层神经元构造：

$$R_{jk}: \text{ If } \sum_{i=1}^{n} x_i w_{ij} + T_j \text{ is } A \text{ , Then } y_k = \beta_{jk}$$

其中，模糊集 A 的隶属度可简单低用隐层神经元的激活函数 f_A 表示。

式 R_{jk}： If $\sum_{i=1}^{n} x_i w_{ij} + T_j$ is A ，Then $y_k = \beta_{jk}$ 中模糊系统规则 R_{jk} 的启动强度 v_{jk} 为 $\mathrm{A}\left(\sum_{i=1}^{n} x_i w_{ij} + T_j\right)$ ，故系统的输出为：

$$y_k = \sum_{j=1}^{h} \mathrm{A}\left(\sum_{i=1}^{n} x_i w_{ij} + T_j\right) \cdot \beta_{jk}$$

可见，模糊系统的输出 y_k 是与神经网络 N 的输出完全相同。

二、模糊系统与神经网络的融合

根据模糊系统（FS）和神经网络（NN）的连接形式和使用函数，将两种融合的形态分为以下五类。

（一）松散型结合

对于可以用 If-Then 规则表示的部分，采用模糊系统，用神经网络描述难以表示的 If-Then 规则的部分，它们之间没有直接的关系。

（二）并联型结合

模糊系统和神经网络是并联的，也就是说，它们具有相同的输入。根据两系统功能的严重程度，可分为同型和辅助型，如图 7-4 所示。在辅助输出中，输出补偿子系统主要由系统 1（FS 或 NN）和子系统 2 组成。这种情况往往是在周围环境发生变化时，子系统 1 输出会有偏差，然后需要补偿子系统 2。

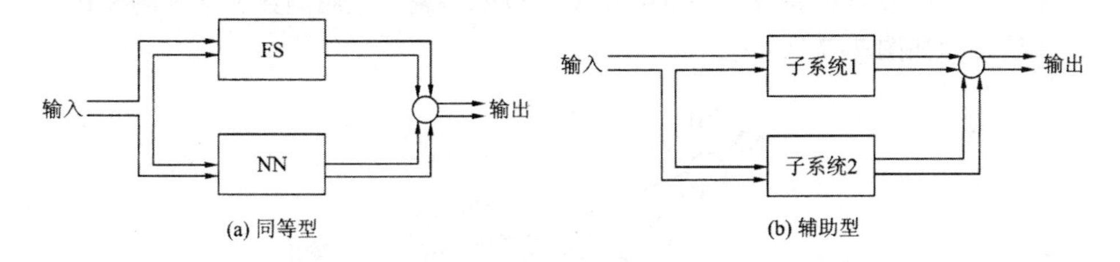

图 7-4　模糊系统和神经网络的并联型结合

（三）串联型结合

如图 7-5 所示，模糊系统和神经网络的连接在系统中的连接，可以看作是两阶段推理或系列中的作为后者的信号预处理部分。例如，神经网络可以从原始输入信号中提取出有效的特征量作为模糊系统的输入，使模糊规则的获取过程更容易。

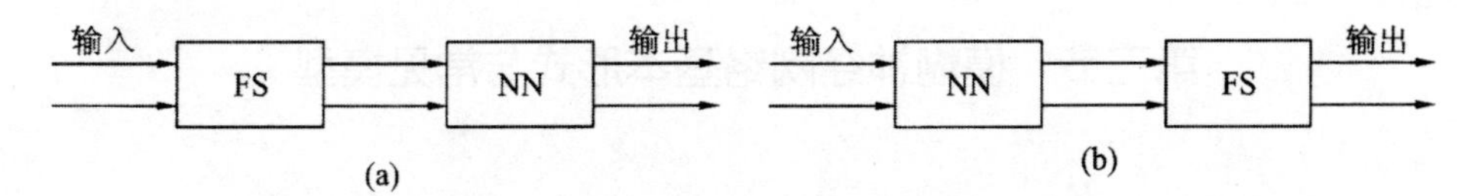

图 7-5　模糊系统和神经王涛奈落串联型结合

（四）网络学习型结合

模糊系统和神经网络在图 7-6 所示的学习相结合。整个系统由模糊系统表示，模糊系统的隶属函数通过神经网络的学习生成和调整。

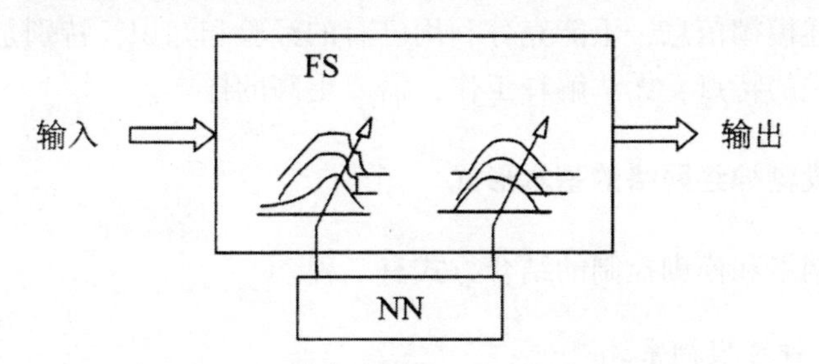

图 7-6　模糊系统和神经网络网络学习型

(五) 结构等价型结合

模糊系统由等价结构的神经网络表示。神经网络不再是一个黑盒子，和它的所有节点和参数有一定的意义，也就是说，隶属函数和推理的模糊系统过程如图 7-7 所示。

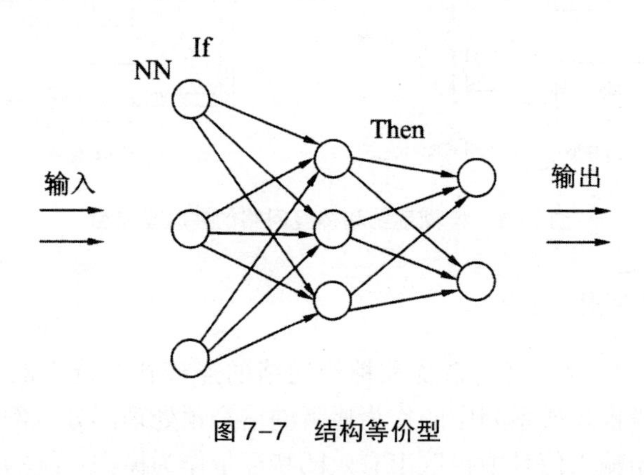

图 7-7　结构等价型

第三节　模糊神经网络基本形式与常见模型

一、模糊神经网络的动向

模糊理论和神经网络技术是近年来人工智能研究的活跃领域。人工神经网络（ANN）是一种模拟人脑结构的思维功能。它具有较强的自学习和联想功能，人工干预少，精度高，专家知识应用能力强。其缺点是不能处理和描述模糊信息，不能充分利用已有的经验和知识，特别是学习和解决黑箱问题的特点，无法解释工作，需要更高的样本。

二、模糊神经网络的基本形式

神经网络和模糊控制的结合方式有三种。

(一) 神经模糊系统

神经模糊系统使用神经网络来实现模糊隶属函数和模糊推理。模糊控制系统是基于模糊语言规则之间关系的一些经验总结出来的各种因素的人的描述，而这些经验到一个简单的数值运算规则，为了让机器在相应的问题取代这些规则的具体实施中遇到的。模型如图 7-8 所示。

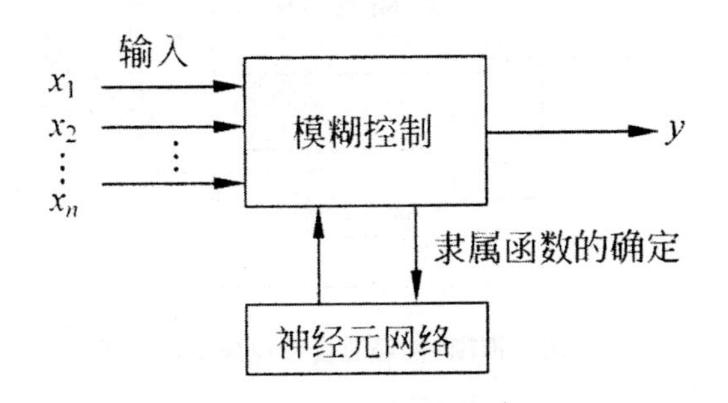

图 7-8　神经模糊系统模型结构图

（二）模糊神经系统

模糊神经系统是神经网络模糊化，本质上还是 ANN。其模型结构如图 7-9 所示。

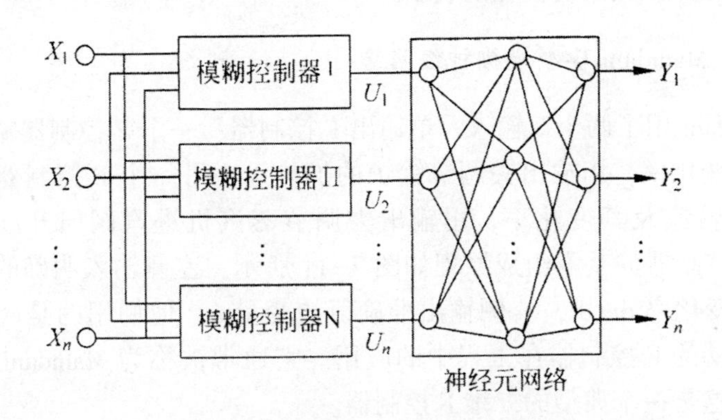

图 7-9　模糊神经系统模型结构图

（三）模糊-神经混合系统

模糊-神经混合系统为二者的有机结合。模型结构如图 7-10 所示。

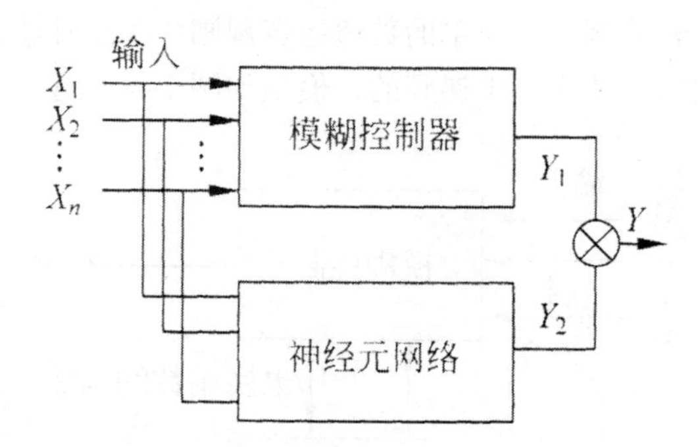

图 7-10　模糊-神经混合系统模型结构图

三、模糊神经网络基本形式与常见模型

模糊模型的表示方法主要有两种：一种是模糊规则的结果是一个模糊集的模糊系统的输出，称为 Mamdani 模型的标准模型；另一个是模糊规则的结果是输入语言变量的函数，典型案例是输入变量的线性组合，称为 Takagi Sugeno 模糊系统模型的表示。

（一）Mamdani 模型模糊神经网络

Mamdani 用了两个双输入一单输出 F 控制器：一个 F 控制器输入蒸汽压力及其变化率，用输出去调节锅炉的加热量；另一个 F 控制器输入蒸汽机活塞转速及其变化率，用输出去调节蒸汽机进汽阀门开度，每个 Mamdani 控制器的基本组成原理如图 7-11 所示：左侧输入明确的价值变量 e 及其变化率 dv/dt，右侧输出准确值的变量 u，他们用的是应用最广泛、最成功的 F 控制器在工程中的应用。它通常被称为 Mamdani 型模糊控制器。这是一个典型的二维 F 控制器。

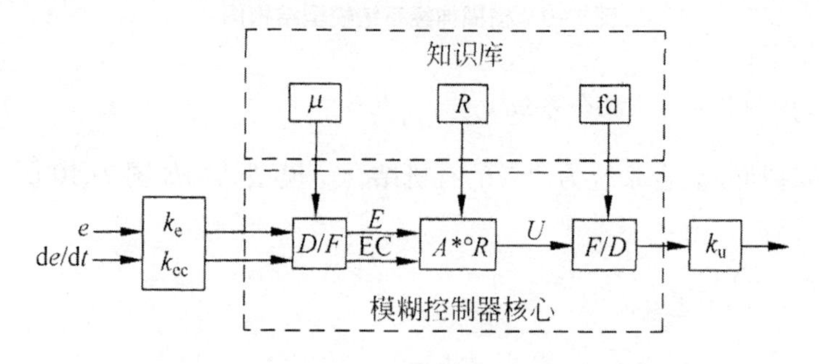

图 7-11　Mamdani 二维模糊控制器原理图

图 7-11 中上面“知识库”框内的中 μ 为隶属函数库，存储把数字量

转换成模糊量时使用的隶属函数；R 为控制规则库，存储进行近似推理的 F 条件语句及近似推理的算法；fd 为清晰化方法库，存储对模糊量进行清晰化处理时使用的算法。

图 7-11 中最左边由 k_e 和 k_{ec} 构成“量化因子”模块；最右边的 k_u 是“比例因子”模块。

图 7-11 中下面“模糊控制器核心”框内的几个模块的作用分别是：模糊化模块 D/F——完成清晰量转换成模糊量的运算；$A*\circ R$——完成根据输入模糊量 A^*（由两个模糊分量 E 和 EC 构成）进行近似推理运算，得出模糊量 U；清晰化（或反模糊化）模块 F/D——完成把模糊量 U 转换成清晰量的运算。

（二）Takagi-Sugeno 模型的模糊神经网络

1. T-S 模糊模型

T-S 模型系统用如下的 if-then 规则形式来定义，在规则为 R^i 的情况下，模糊推理为：

R^i：If x_i is A_1^i，x_2 is A_1^i，…，x_k is A_1^i then $y_i=p_0^i+p_1^i x_1\cdots+p_k^i x_k$

其中，A_j^i 为模糊系统的模糊集；p_j^i（$j=1, 2, \cdots, k$）为模糊系统参数；y_i 为根据模糊规则得到的输出，输入部分（即 *if* 部分）是模糊的，输出部分（即 then 部分）是确定的，该模糊推理表示输出为输入的线性组合。

假设对于输入量 $x=[x_1, x_2, \cdots, x_k]$，首先根据模糊规则计算各输入变量 x_j 的隶属度。

$$\mu A_j^i=\exp(-(x_j-c_j^i)^2/b_j^i);\ j=1, 2, \cdots, n \tag{7-1}$$

式中，c_j^i 和 b_j^i 分别为隶属度函数的中心和宽度；k 为输入参数数；n 为模糊子集数。

将各隶属度进行模糊计算，采用模糊算子为连乘算子。

$$w^i=uA_j^1(x_1)\times uA_j^2(x_2)\times\cdots uA_j^k(x_k);\ i=1, 2, \cdots, n \tag{7-2}$$

根据模糊计算结果计算模糊模型的输出值 y_i。

$$y_i=\frac{\sum_{i=1}^{n}w^i(p_0^i+p_1^i x_1+\cdots+p_k^i x_k)}{\sum_{i=1}^{n}w^i} \tag{7-3}$$

2. T-S 模糊神经网络

模糊神经网络的学习算法为：

（1）误差计算

$$e = \frac{1}{2}(y_d - y_c)^2$$

式中，y_d为网络期望输出；y_c为网络实际输出；e 为期望输出和实际输出的误差。

（2）系数修正

$$p_j^i(k) = p_j^i(k-1) - a\frac{\partial e}{\partial p_j^i} \tag{7-4}$$

$$\frac{\partial e}{\partial p_j^i} = \frac{(y_d - y_c)w_i}{\sum_{i=1}^{n} w^i x_j} \tag{7-5}$$

式中，p_j^i 为神经网络系数；A 为网络学习率；x_j为网络输入参数；w_i为输入参数隶属度连乘积。

（3）参数修正

$$c_j^i(k) = c_j^i(k-1) - \beta\frac{\partial e}{\partial c_j^i} \tag{7-6}$$

$$b_j^i(k) = b_j^i(k-1) - \beta\frac{\partial e}{\partial b_j^i} \tag{7-7}$$

式中，c_j^i 、b_j^i 为隶属度函数的中心和宽度。

（三）模糊神经网络的函数

在 MATLAB 模糊逻辑工具箱中，提供了有关对模糊神经网络推理系统的初始化和建模函数，分别为 genfisl 函数和 anfis 函数，下面予以介绍。

1. 网格分割方式生成模糊推理系统

函数的调用格式为：

fismat=genfisl（data）

fismat=genfisl（data，numMFs，inmftype，outmftype）

该函数是用于建立一个初始 Sugeno 型模糊系统以供函数 anfis 训练使用，使用的是网格分割法而不同于 genfis2 的模糊聚类法。

在输入参数中，data 为给定的输入/输出的训练数据集合。

numMFs 为一个整数向量，用于指定输入变量的隶属度函数个数，可以用一个数值表示所有输入变量具有相同数目的隶属度函数。如果是向量，则分别指明每一个输入变量的隶属度函数个数。

参数 mfType 用于指定隶属度函数的类型，为字符串数组（分别指明输入变量的隶属度函数类型）或是单个字符串（所有变量使用同种隶属度函数类型）。

Outmftype 用于指定输出（MATLAB 的自适应神经模糊模型只支持一个输出变量）的隶属度函数类型，取值可以是 constant 或 linear。

2. 自适应神经模糊系统的建模

anfis 支持采用输出加权平均的一阶或零阶 Takagi-Sugeno 型模糊推理。函数的调用格式为：

[fis, error, stepsize] = anfis (trnData)

[fis, error, stepsize] = anfis (trnData, initFis)

[fis, error, stepsize] = anfis (trnData, numMFs)

[fis, error, stepsize, chkFis, chkErr] = anfis (trnData, initFis, trnOpt, dispOpt, chkData,

optMethod)

[fis, error, stepsize, chkFis, chkErr] =...

anfis (trnData, numMFs, trnOpt, dispOpt, chkData, optMethod)

initFis 是用于指定初始的模糊推理系统参数的矩阵，该矩阵可使用函数 genfisl 由训练数据直接生成。函数 genfisl 的功能是采用网格分割法生成模糊推理系统，其使用方法参见下文的说明。如果没有指明该参数，函数 anfis 会自动先调用 genfisl 来生成一个默认初始 FIS 推理系统参数。如果调用 anfis 时只使用一个参数即 trnData，genfisl 则使用默认的 FIS 结构来生成两条高斯型的隶属度函数，如果 initFis 参数指定的是一个数值或是一个与输入变量个数相同的向量，则系统把这个数值或向量中的对应数值作为相应的输入变量分别的隶属度函数传入函数 genfisl，以生成相应的初始 FIS 系统。关于函数 genfisl，后面将进行介绍。

参数 trnOpt 为一个五维向量，其各个分量的定义如下：

（1）trnOpt（1）——训练的次数，默认为 10；

（2）trnOpt（2）——期望误差，默认为 0；

（3）trnOpt（3）——初始步长，默认为 0.01；

（4）trnOpt（4）——步长递减速率，默认为 0.9；

（5）trnOpt（5）——步长递增速率，默认为 1.1。

如果 trnOpt 的任一个分量为 NaN（非数值：IEEE 的标准缩写）或被省略，训练过程中的步长调整采用如下的策略：

（1）当误差连续 4 次减小时，则增加步长；

（2）当误差连续 2 次出现振荡，即一次增加和一次减少交替发生时，则减小步长。

参数 dispOpt 用于控制训练过程中 MATLAB 命令窗口的显示内容，其有四个参数，分别定义如下：

（1）dispOpt（1）——显示 ANFIS 的信息，默认为 1；

（2）dispOpt（2）——显示误差测量，默认为 1；

（3）dispOpt（3）——显示训练步长，默认为 1；

（4）dispOpt（4）——显示最终结果，默认为 1。

函数 anfis 的另一个输入参数为 chkData，该参数为一个与训练数据矩阵有相同列数的矩阵，用于提供检验数据。当提供检验数据时，ANFIS 返回对于核对数据具有最小均方根误差的模糊推理系统 fismat2。

当函数的训练次数达到或是误差精度目标达到，就停止训练。

当输入的某个参数为 NaN 或是空矩阵时，该参数取为默认值。注意，如果想默认前面的参数而使用后面的某个参数时，则前面的被默认的参数应当用 NaNs 来替代。

第八章　神经网络与人工智能研究

人类拥有高度发达的大脑，大脑是思维活动的物质基础，思维是人类智力的集中表现。自然的工作机制和思维脑科学家试图理解人类的大脑，揭示人工智能科学家顽强地探索如何与人类的智慧，构建人工智能系统的仿真和脑功能的延伸，类似于完成工作的人的头脑。因此，“理解大脑”和“模仿大脑”分别是脑科学和智能科学的基本目标。

第一节　人工智能的相关研究

人工智能自1956年诞生以来，60年来取得了巨大的发展，引起了许多学科和不同专业背景的学者和政府和企业家的空前关注，成为了较为完善的理论基础，有着广泛的应用领域和广泛的交叉前沿科学。伴随着社会进步和科技发展步伐，人工智能与时俱进，不断取得新的进展。

60多年来，人工智能获得了重大进展，众多学科和不同专业背景的学者们投入人工智能研究行列，并引起各国政府、研究机构和企业的日益重视，发展成为一门广泛的交叉和前沿科学。近10多年来，现代信息技术，特别是计算机技术和网络技术的发展已使信息处理容量、速度和质量大为提高，能够处理海量数据，进行快速信息处理，软件功能和硬件实现均取得长足进步，使人工智能获得更为广泛的应用。

一、人工智能的内涵

（一）人工智能含义

人工智能（Artificial Intellegence，AI）就是让计算机完成人类心智（mind）能做的各种事情。通常，我们会说有些行为（如推理）是“智能的”，而有些（如视觉）又不是。但是，这些行为都包含能让人类和动物实现目标的心理技能，比如知觉、联想、预测、规划和运动控制。

智能不是一维的，而是结构丰富、层次分明的空间，具备各种信息处理能力。于是，人工智能可以利用多种技术，完成多重任务。①

人工智能的实际应用十分广泛，如家居、汽车（无人驾驶车）、办公室、银行、医院、天空……互联网、物联网（连接到小物件、衣服和环境中的快速增多的物理传感器）。地球以外的地方也有人工智能的影子：送至月球和火星的机器人；在太空轨道上运行的卫星。好莱坞动画片、电子游戏、卫星导航系统和谷歌的搜索引擎也都以人工智能技术为基础。金融家们预测股市波动以及各国政府用来指导制定公共医疗和交通决策的各项系统，也是基于人工智能技术的。还有手机上的应用程序、虚拟现实中的虚拟替身技术，以及为“陪护”机器人建立的各种“试水”情感模型。甚至美术馆也使用人工智能技术，如网页和计算机艺术展览。

人工智能有两大主要目标：一个是技术层面的，利用计算机完成有益的事情（有时候不用心智所使用的方法）；另一个是科学层面的，利用人工智能概念和模型，帮助回答有关人类和其他生物体的问题。大多数人工智能工作者只关注其中一个目标，但有些也同时关注两个目标。

人工智能不仅可以带来不计其数的技术小发明，还能够对生命科学产生深远的影响。科学理论的计算机模型可以检验该理论是否清晰连贯，还能生动形象地证明其含义（通常是未知的）。理论是否正确另当别论，但其依据是从相关科学范畴得出的证据。就算我们发现该理论是错误的，结果也能够给人以启迪。

值得一提的是，心理学家和神经学家利用人工智能提出了各种影响深远的心智——大脑理论，如“大脑的运作方式”和“这个大脑在做什么”的模型：它在回答什么样的计算（心理）问题，以及它能采用哪种信息处理形式来达到这一目标等。这两个问题不一样，但都十分重要。还有一些问题尚未回答，因为人工智能本身已经告诉我们：心智内容十分丰富，远远超出了心理学家们先前的猜想。

生物学家们也用到了人工智能——人工生命（A-Life）。利用这项技术，他们为生物体的不同内部结构建立了计算机模型，以解读不同种类的动物行为、身体的发育、生物进化和生命的本质。

人工智能对哲学也有影响。如今，很多哲学家对心智的解读也基于人工智能概念。例如，他们用人工智能技术来解决众所周知的身心问题、自

---

① ［英］玛格丽特·博登．AI人工智能的本质与未来［M］．北京：中国人民大学出版社，2017，第1页．

由意志的难题和很多有关意识的谜题。然而，这些哲学思想都颇具争议。人工智能系统是否拥有“真正的”智能、创造力或生命，人们对此意见不一。

（二）人工智能定义

众所周知，相对于天然河流（如亚马逊河和长江），人类开凿了叫作运河（如苏伊士运河和中国大运河）的人工河流；相对于天然卫星（如地球的卫星——月亮），人类制造了人造卫星；相对于天然纤维（如棉花、蚕丝和羊毛），人类发明了维尼绒和涤绒等人造纤维；相对于天然心脏、自然婴儿、自然受精和自然四肢等，人类创造了人工心脏、试管婴儿、人工受精和假肢等人造物品（artifacts）。2009年7月8日，英国一个科学研究小组宣布首次成功利用人类干细胞培育出成熟精子。这就是人工精子，一种很高级的人工制品。我们要探讨的人工智能（artificiaL intelligence），又称为机器智能或计算机智能，无论它取哪个名字，都表明它所包含的“智能”都是人为制造的或由机器和计算机表现出来的一种智能，以区别于自然智能，特别是人类智能。由此可见，人工智能本质上有别于自然智能，是一种由人工手段模仿的人造智能；至少在可见的未来应当这样理解。

哲学家们对人类思维和非人类思维的研究工作已经进行了两千多年，然而，至今还没有获得满意的解答。下面，我们将结合自己的理解来定义人工智能。

定义1　智能（intelligence）是一种应用知识处理环境的能力或由目标准则衡量的抽象思考能力。

定义2　智能机器（intelligent machine）是一种能够呈现出人类智能行为的机器，而这种智能行为是人类用大脑考虑问题或创造思想。

定义3　人工智能到底属于计算机科学还是智能科学，可能还需要一段时间的探讨与实践，而实践是检验真理的标准，实践将做出权威的回答。

1950年图灵（Turing）设计和进行的著名实验（后来被称为图灵实验，Turing test），提出并部分回答了“机器能否思维”的问题，也是对人工智能的一个很好注释。

定义4　人工智能是那些与人的思维、决策、问题求解和学习等有关活动的自动化（Bellman 1978）。

定义5　人工智能是用计算模型研究智力行为（Charniak & McDermott 1985）。

定义6　人工智能是研究那些使理解、推理和行为成为可能的计算(Winston1992)。

定义7　人工智能是一种能够执行需要人的智能的创造性机器的技术(Kurzwell1990)。

定义8　人工智能研究如何使计算机做事让人过得更好（Rick & Knight 1991)。

定义9　人工智能是计算机科学中与智能行为的自动化有关的一个分支（Luger & Stubblefield 1997)。

二、人工智能的研究目标

在前面从学科和能力定义人工智能时，我们曾指出：人工智能的近期研究目标在于“研究用机器来模仿和执行人脑的某些智力功能，并开发相关理论和技术。”而且这些智力功能“涉及学习、感知、思考、理解、识别、判断、推理、证明、通信、设计、规划、行动和问题求解等活动”。下面进一步探讨人工智能的研究目标问题。

人工智能的一般研究目标为：

（1）更好地理解人类智能通过编写程序来模仿和检验有关人类智能的理论。

（2）创造有用的灵巧程序该程序能够执行一般需要人类专家才能实现的任务。

一般地，人工智能的研究目标又可分为近期研究目标和远期研究目标两种。

人工智能的近期研究目标是建造智能计算机以代替人类的某些智力活动。通俗地说，就是使现有的计算机更聪明和更有用，使它不仅能够进行一般的数值计算和非数值信息的数据处理，而且能够使用知识和计算智能，模拟人类的部分智力功能，解决传统方法无法处理的问题。为了实现这个近期目标，就需要研究开发能够模仿人类的这些智力活动的相关理论、技术和方法，建立相应的人工智能系统。

人工智能的远期目标是用自动机模仿人类的思维活动和智力功能。也就是说，是要建造能够实现人类思维活动和智力功能的智能系统。实现这一宏伟目标还任重道远，这不仅是由于当前的人工智能技术远未达到应有的高度，而且还由于人类对自身的思维活动过程和各种智力行为的机理还知之甚少，我们还不知道要模仿问题的本质和机制。

对于人工智能研究目标，除了上述认识外，还有一些比较具体的提法，例如，李艾特（Leeait）和费根鲍姆提出人工智能研究的9个“最终目标”，包括深入理解人类认知过程、实现有效的智能自动化、有效的智能扩展、建造超人程序、实现通用问题求解、实现自然语言理解、自主执行任务、自学习与自编程、大规模文本数据的存储和处理技术。又如，索罗门（Sloman）给出人工智能的3个主要研究目标，即智能行为的有效的理论分析、解释人类智能、构造智能的人工制品。

三、人工智能的研究内容

（一）认知建模

人类的认知过程是非常复杂的。作为研究人类感知和思维信息处理过程的一门学科，认知科学（或称思维科学）就是要说明人类在认知过程中是如何进行信息加工的。认知科学是人工智能的重要理论基础，涉及非常广泛的研究课题。人工智能不仅要研究逻辑思维，而且还要深入研究形象思维和灵感思维，使人工智能具有更坚实的理论基础，为智能系统的开发提供新思想和新途径。

（二）知识表示

知识表示、知识推理和知识应用是传统人工智能的三大核心研究内容。其中，知识表示是基础，知识推理实现问题求解，而知识应用是目的。

（三）知识推理

推理是人脑的基本功能。几乎所有的人工智能领域都离不开推理。要让机器实现人工智能，就必须赋予机器推理能力，进行机器推理。

（四）知识应用

人工智能能否广泛应用，是衡量其生命力和检验其生存能力的重要标志。20世纪70年代，专家系统的广泛应用使人工智能走出低谷，得到了迅速的发展。近年来机器学习和自然语言理解在应用研究方面取得了重大进展，进一步推动了人工智能的发展。当然，应用领域的发展离不开知识表示和知识推理的基本理论以及基本技术的进步。

（五）机器感知

机器感知就是使机器具有类似于人的感觉，包括视觉、听觉、力觉、触觉、嗅觉、痛觉、接近感和速度感等。其中，最重要的和应用最广的要算机器视觉（计算机视觉）和机器听觉。机器视觉要能够识别与理解文字、图像、场景以至人的身份等；机器听觉要能够识别与理解声音和语言等。

四、人工智能的研究方法

（一）功能模拟法

符号主义学派也可称为功能模拟学派。他们认为：智能活动的理论基础是物理符号系统，认知的基元是符号，认知过程是符号模式的操作处理过程。功能模拟法是人工智能最早和应用最广泛的研究方法。功能模拟法以符号处理为核心对人脑功能进行模拟。功能模拟法已取得许多重要的研究成果，如定理证明、自动推理、专家系统、自动程序设计和机器博弈等。功能模拟法一般采用显式知识库和推理机来处理问题，因而它能够模拟人脑的逻辑思维，便于实现人脑的高级认知功能。

功能模拟法虽能模拟人脑的高级智能，但也存在不足之处。单一使用符号主义的功能模拟法是不可能解决人工智能的所有问题的。

（二）结构模拟法

连接主义学派也可称为结构模拟学派。他们认为：思维的基元不是符号而是神经元，认知过程也不是符号处理过程。由于大脑的生理结构和工作机理还远未搞清，因而现在只能对人脑的局部进行模拟或进行近似模拟。①

人脑是由极其大量的神经细胞构成的神经网络。结构模拟法通过人脑神经网络、神经元之间的连接以及在神经元间的并行处理，实现对人脑智能的模拟。结构模拟法也有缺点，它不适合模拟人的逻辑思维过程，而且受大规模人工神经网络制造的制约，尚不能满足人脑完全模拟的要求。

（三）行为模拟法

行为主义学派也可称为行为模拟学派。智能行为的“感知—动作”模式并不是一种新思想，它是模拟自动控制过程的有效方法，如自适应、自寻优、自学习、自组织等。现在，把这个方法用于模拟智能行为。行为主义的祖先应该是维纳和他的控制论，而布鲁克斯的六足行走机器虫只不过是一件行为模拟法（即控制进化方法）研究人工智能的代表作，为人

---

① 蔡子兴，徐光祐．人工智能及其应用［M］．北京：清华大学出版，2010，第19页．

工智能研究开辟了一条新的途径。

尽管行为主义受到广泛关注，但布鲁克斯的机器虫模拟的只是低层智能行为，并不能导致高级智能控制行为，也不可能使智能机器从昆虫智能进化到人类智能。不过，行为主义学派的兴起表明了控制论和系统工程的思想将会进一步影响人工智能的研究和发展。

第二节　人工神经网络与计算智能

一、人工神经网络

（一）人工神经网络内涵

人工神经网络（artificial neural networks，ANN）是由许多相互连接的单元组成，每个单元只能计算一件事情。这样的描述听起来有些无聊。但人工神经网络似乎很有魔力。它必然也让记者们着迷。弗兰克·罗森布拉特的“感知器”（光电机）在没有接受明确指导的情况下可以学会识别字母，曾在20世纪60年代成为各大报纸的“宠儿”，吸睛无数。[①] 20世纪80年代中期，人工神经网络名声大振，至今仍然备受媒体的青睐。最近与人工神经网络相关的大量宣传还包括深度学习。

人工神经网络有无数应用，从操控股票市场和监测货币波动到识别语音或人脸，但真正有趣的是它们的运行方式。

有一小部分人工神经网络在特定的并行硬件上运行，甚至在硬件或湿件混合物上运行，将真正的神经元与硅电路结合。然而，大多数网络通常由约翰·冯·诺依曼机器来模拟。也就是说，人工神经网络是在经典计算机上实现的并行处理虚拟机。

之所以说它们的运行方式很有趣，部分原因是它们与符号人工智能的虚拟机有很大差别。大规模的并行计算代替串行指令，自下而上的处理代替自上而下的控制，以及概率代替逻辑。动态和持续变化的人工神经网络与符号程序形成了鲜明对比。

此外，许多神经网络从随机开始时就具有神秘的自组织属性（20世

---

① ［英］玛格丽特·博登．AI人工智能的本质与未来［M］．北京：中国人民大学出版社，2017，第93页．

纪60年代的感知器也具有这一属性，它们在新闻中都很高调)。系统从随机架构（随机权重和联结）开始，并自己逐渐适应去执行需要完成的任务。

人工神经网络有许多优点，显著增强了人工智能的计算能力。然而，它们也有缺陷，即它们不能提供第2章中所设想的真正意义上的强人工智能。例如，虽然一些人工神经网络可以做近似推理或推理，但它们不能像符号人工智能那样精确。在人工神经网络中，也很难模拟层级。一些(回馈式）网络在一定程度上能够用交互式网络来表示层级。由于当前对深度学习的热情高涨，神经网络的网络不像以前那样罕见了。但是，这些网络还是相对比较简单的。人脑必须包括无数在很多层级上以极其复杂的方式进行交互的网络。总之，强人工智能仍然十分遥远。

（二）人工神经网络更广泛的含义

人工神经网络是作为计算机科学的人工智能取得的一大胜利，但它们的理论含义并未仅局限于此。它们与人类概念和记忆有一些相似之处，因此引发了神经科学家、心理学家和哲学家们的兴趣。

神经科学家们对人工神经网络的兴趣由来已久。事实上，罗森布拉特没有把具有开创意义的感知器当作一个在现实中有用的小发明，而是把它当作一条神经心理学理论。今天的神经网络尽管与大脑有很多差异，但是在计算神经科学中扮演着重要的角色。

心理学家也对人工神经网络感兴趣，哲学家们紧跟其后。例如，非专业人工智能人士狂热追捧20世纪80年代中期的一个神经网络。该网络显然已经像小孩一样学会了使用过去时。开始的时候没有犯错误，后来由于过分遵守规则，以至于把英文“go”的过去时变成了“goed”（本来应该是“went”），在犯了这些错误之后，最后才得到规则和不规则动词的正确形式。这是有可能做到的，因为提供给该网络的输入反映出小孩经常听到的词的变形概率——神经网络没有使用先天的语法规则。

这个网络的出现意义重大，因为当时大多数心理学家（和许多哲学家）都接受了诺姆·乔姆斯基（Noam Chomsky）的说法，声称小孩必须依靠先天的语言规则来学习语法，以及婴幼儿过分遵守规则的行为恰好证明那些规则在起作用。过去时态的神经网络证明了这两种说法都不正确(当然，它没有证明小孩不具备先天的规则，只是证明了他们不需要这些规则)。

另一个十分有趣的例子是对“表征轨迹”（representational trajecories）的研究，最初受到了发展心理学的启发。原先混乱的输入数据在连续的层级上被重新编码（在深度学习中也一样)，所以除了能捕获到明显的规则性外，还有不太明显的规则性显露出来。这不仅涉及儿童的发展，还涉及与归纳学习相关的心理学和哲学争论。它表明有了先前的期望(计算结构)，才能学习输入数据中的模式，学习不同模式的顺序必然受到约束。简而言之，人工神经网络在商业和理论层面都很重要。

（三）神经网络的基本特征与功能

人工神经网络是在对人脑结构和活动机制有初步了解的基础上发展起来的一种新的信息处理系统。人工神经网络通过模拟大脑的神经系统结构和一些活动机制，可以呈现人脑的许多特征，具有人脑的一些基本功能。

1. 神经网络的基本特点

（1）结构特点：信息处理的并行性、信息存储的分布性、信息处理单元的互连性、结构的可塑性。

（2）性能特点高度的非线性、良好的容错性和计算的非精确性。

（3）能力特征：自学习、自组织与自适应性。

2. 神经网络的基本功能

人工神经网络是借鉴于生物神经网络而发展起来的新型智能信息处理系统，由于其结构上“仿造”了人脑的生物神经系统，因而其功能上也具有了某种智能特点。

（1）联想记忆

由于神经网络具有分布存储信息和并行计算的性能，因此它具有对外界刺激信息和输入模式进行联想记忆的能力。联想记忆有两种基本形式：自联想记忆与异联想记忆，如图 8-1 所示。

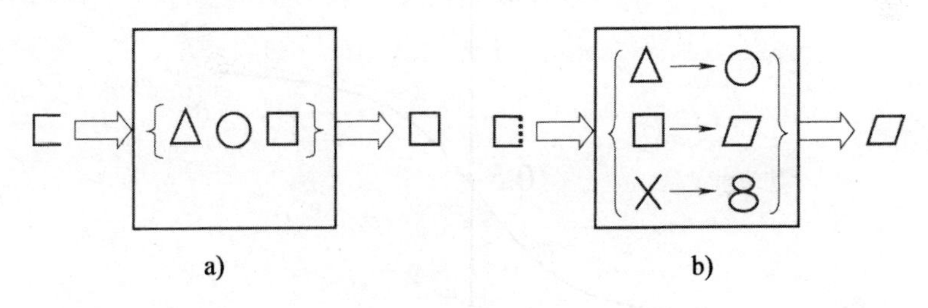

图 8-1　联想记忆

（2）非线性映射

在客观世界中，许多系统的输入与输出之间存在复杂的非线性关系，神经网络通过对系统输入输出样本对进行自动学习，能够以任意精度逼近任意复杂的非线性映射。

（3）分类与识别

神经网络对外界输入样本具有很强的识别与分类能力。

（4）优化计算

优化计算是指在已知的约束条件下，寻找一组参数组合，使由该组合确定的目标函数达到最小值。

（5）知识处理

知识是人们从客观世界的大量信息以及自身的实践中总结归纳出来的经验、规则和判据。当知识能够用明确定义的概念和模型进行描述时，计算机具有极快的处理速度和很高的运算精度来进行知识处理。

（四）分类器的多层感知

1. 神经元

神经元是一个多层感知机的基本单元，它的函数非常简单。到达输入的一个加权和要经过一个传递函数。若干不同的传递函数都可以用，本章倾向于使用的一个是所谓的S形函数，它由式（8-1）定义，这里Σ是输入的加权和：

$$f(\sum) = \frac{1}{1+e^{-\Sigma}} \tag{8-1}$$

图8-2展示了代表传递函数的曲线。可以看到，$f(\Sigma)$ 随着Σ的值的增加单调递增，但是不会离开开区间（0，1），因为 $f(-\infty)=0$ 而 $f(\infty)=1$。纵轴与 $f(0)=0.5$ 相交。我们假设所有神经元都有相同的传递函数。

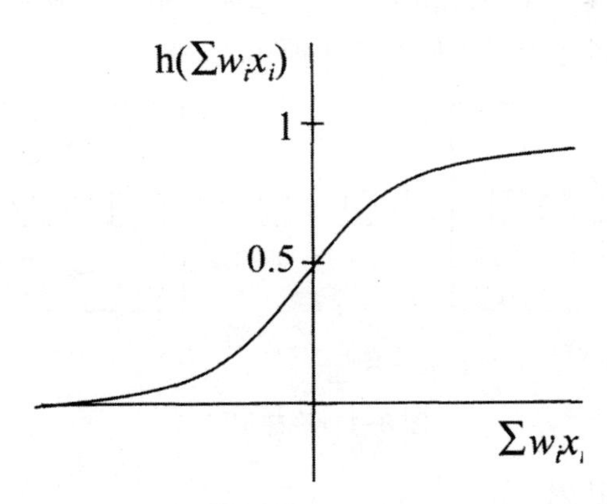

图8-2　一个常用的传递函数——S形函数

2. 多层感知机

图8-3中的神经网络就是著名的多层感知机。由椭圆表示的神经元排列在输出层和隐含层（当我们从上面来看这个网络时，隐含层是被输出层遮挡了的）。简单起见，我们仅考虑有一个隐含层的网络，需要记住

的是使用两层甚至三层的情况也很普遍，但是很少有使用更多层的。

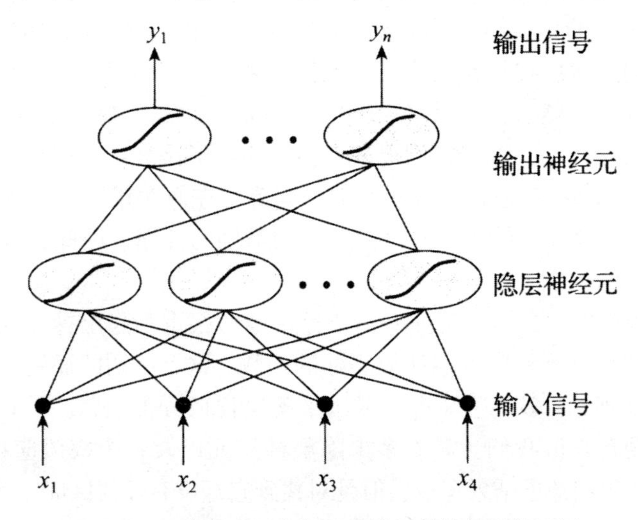

图 8-3 一个包含两个相互连接层的神经网络示例

在同层的神经元之间是没有连接的，相邻两层之间是全连接的。重要的是，每一个神经元与神经元之间的连接都与一个权重相关联。从第 j 个隐层神经元到第 i 个输出层神经元之间的连接的权重记为 $w_{kj}^{(1)}$ ，从第 k 个属性到第 j 个隐层神经元之间的连接的权重记为 $w_{kj}^{(2)}$ 。注意，第一个指标总是指连接的“开始”，第二个是它的“结束”。

前向传播。我们通过一个样例 $x=(x_1, \cdots, x_n)$ 来展示神经网络，这个样例的属性值要沿着网络中的连接传到各个神经元。值 x_k 乘以与连接相关联的权重，第 j 个隐层神经元接受加权和 $\sum_k w_{kj}^{(2)} x_k$ 作为输入，然后传输这个和式到 S 形函数 $f(\sum_k w_{kj}^{(2)} x_k)$ ，第 i 个输出层神经元接受由隐层而来的加权和式，并再一次地将它传输给传递函数。这就是第 i 个输出是怎样得到的。属性值从网络的输入到输出这样的传播过程被称为前向传播。

每个类别都被分配了它自己的输出神经元，第 i 个输出神经元所返回的值代表了支持第 i 类的证据的量。例如，如果 3 个输出神经元得到的值为 $y=(0.2, 0.6, 0.1)$，则分类器会将给定的样例标记为第二类，因为 0.6 大于 0.2 和 0.1。

本质上，这种两层的感知机计算了式（8-2），这里 f 是神经元中所使用的 S 形传递函数［参加式（8-1）］，$w_{kj}^{(2)}$ 和 $w_{kj}^{(1)}$ 分别是指向隐层和输出层的连接，x_k 是给定样例的属性值：

$$y_i = f[\sum_j w_{ji}^{(1)} f(\sum_k w_{ji}^{(2)} x_k)] \tag{8-2}$$

3. 一个数值例子

图 8-4 中的数值例子描述了前向传播的原理。一开始，属性向量 x 出现。在达到隐含层神经元之前，属性值要乘以相应的权重，并且加权和要传给 S 形函数。然后，结果（$h_1=0.32$ 和 $h_2=0.54$）乘以下一层的权重，并传给输出神经元，这里它们再次被传输给 S 形函数。这就是两个输出值 $y_1=0.66$ 和 $y_2=0.45$ 是怎么得到的了。支持“左侧”输出神经元的类别的证据要高于支持。“右侧”输出神经元的类别的证据。因此，分类器选择左边神经元的类别。

通用分类器。数学家曾证明，选择正确的权重和隐层神经元个数，式(8-2) 可以以任意精度近似任何实际的函数。这个所谓的通用性理论的结果就是，原则上，多层感知机可以用来解决任何分类问题。尽管如此，这个理论并没有告诉我们，需要多少隐层神经元以及各个权值应该是多少。换句话说，我们知道结果存在，但是对找到它却没有任何保证。

任务：通过以下网络向传播 $x=(x_1, x_2)=0.8, 0.1)$

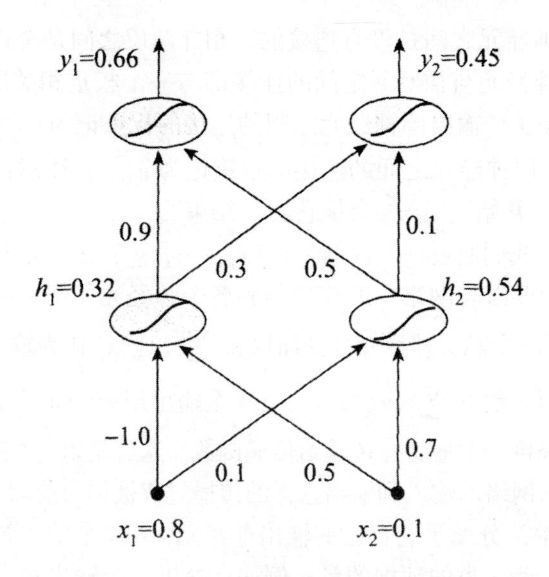

图 8-4　多层感知机中前向传播的例子

解：

隐层神经元的输入：

$z_1^{(2)}=0.8\times(-1.0)+0.1\times0.5=-0.75$

$z_2^{(2)}=0.8\times0.1+0.1\times0.7=0.15$

隐层神经元的输出：

$$h_1 = f(z_1^{(2)}) = \frac{1}{1 + e^{-(-0.75)}} = 0.32$$

$$h_2 = f(z_1^{(2)}) = \frac{1}{1 + e^{-0.15}} = 0.54$$

输出层神经元的输入：

$$z_1^{(1)} = 0.54 \times 0.9 + 0.32 \times 0.5 = 0.65$$

$$z_2^{(1)} = 0.54 \times (-0.3) + 0.32 \times (-0.1) = -0.19$$

输出层神经元的输出：

$$y_1 = f(z_1^{(1)}) = \frac{1}{1 + e^{-0.65}} = 0.66$$

$$y_2 = f(z_1^{(1)}) = \frac{1}{1 + e^{-(-0.19)}} = 0.45$$

（四）多层感知的特殊方面

1. 计算代价

误差反向传播的计算代价很高。一个样例出现了，就得计算每一个神经元的责任，然后相应地修改权重。这要对所有训练样例重复进行，通常需要很多轮。为了理解所有这些的真实代价，考虑一个要分类由 100 个属性所描述的样例的网络，这是一个相当现实的情形。如果有 100 个隐层神经元，那么这个低一些的层中权重的个数是 $100 \times 100 = 10^4$。这是每个训练样本出现之后权重改变的数量。注意，在这些计算中，如果类别数较少，则上层的权重可以忽略。例如，在一个有 3 类的域中，上层的权重数量为 $100 \times 3 = 300$，相对于 10^4 它是一个很小的数字。

假如训练集包含 10^5 个样例，而且训练需要持续 10^4 轮。这时，权重更新的数量是 $10^4 \times 10^5 \times 10^4 = 10^{13}$。这看起来已经很多了，但是许多应用甚至是有更高要求的。因此，许多相当灵巧的会使训练更加高效的方法被提了出来。然而，这些都超出了我们这里所感兴趣的范围。

2. 重新考虑目标值

简单起见，截至目前我们都假设每一个目标值是 1 或 0，这可能不是最好的选择。首先，一个神经元的输出 y_i 永远不会达到这些值。更进一步地，在这两个极端的附近权重的改变是微小的，因为当 y_i 接近 0 或 1 时，输出神经元的责任的计算，$\sigma_i^{(1)} = y_i(1 - y_i)(t_i - y_i)$，仅返回一个非常接近 0 的值。最后，我们知道，分类器会选择返回最大值的输出神经元对应的类别。因此，各个神经元的输出精度并不重要，更重要的是与其他输出的比较结果。如果前向传播给出 $y=(0.9, 0.1, 0.2)$，那么样例一定被标记为第一类（支持 $y_i=0.9$ 对应的类别），这个决定不会被小的权重改变所影响。

考虑到这些争论，更合适的目标值推荐如下：例如，如果样例属于第 i 类，则 $t_i(x)=0.8$，否则 $t_i(x)=0.2$。假设有 3 个类别：C_1，C_2 和 C_3，而 $c(x)=C_1$。这种情况下，目标向量将被定义为 $t(x)=(0.8, 0.2, 0.2)$。0.8 和 0.2 都在 S 形函数相对较高敏感性的区域，而且这样会消除上一段中引发的多数的担心。

3. 局部极小值

当多层感知机训练采用梯度下降方法时会存在一些缺点。权重以沿着最陡斜面下降的方式改变。但是一旦到达一个局部极小值的底部，就没有任何地方可去了，这有点儿尴尬，毕竟，最终目标是要到达全局最小值。这里需要两个事物：第一个，识别局部极小值的一个机制；第二个，从落入局部极小值中恢复出来的方法。

一种在训练过程中实时发现局部极小值的可能性是记录均方误差，在每轮学习之后将它在整个训练集上求和。正常情况下，这个和从一轮到另一轮逐渐下降。一旦它看起来到达了一个高原，几乎观察不到任何误差的下降，则学习过程就有陷入了局部极小值的可能。克服这个困难的技术通常依赖于自适应的学习率以及增加新的隐层神经元。一般来说，在有很多隐层神经元的网络中，这个问题并不严重。同样，如果所有的权重都很小，如取值于区间（-0.01，0.01），则局部极小值趋向于较浅且不那么频繁。

自适应的学习率。当描述误差反向传播的时候，我们假设用户设定的学习率 η 是一个常数。但是，这在实际应用中是很少发生的。更多的情况是，训练开始于一个大的 η，然后它逐渐随着时间下降。这样做的动机很容易猜到。开始的时候，较大的权重修改会降低学习轮数，甚至会帮助学习器“跳过”一些局部极小值。但是，随后，这个大的 η 就可能导致“越过”全局最小值，这也就是为什么它的值被减小了。如果我们将学习率表达为时间的函数 $\eta(t)$，这里 t 说明了现在训练是在哪一轮中，然后，如下的负指数公式会逐渐降低学习率（a 是负指数的斜率，$\eta(0)$ 是学习率的初始值）：

$$\eta(t)=\eta(0)e^{at} \tag{8-3}$$

可能需要注意的是，一些先进的权重改变公式是可以反映出“当前趋势”的。例如，使用“惯性”是非常常见的：如果之前两次权重改变都是正的（或都是负的），就有理由增加权重改变的步长；相反地，如果一个正的改变之后是一个负的改变（或相反），则为了避免越过了，就应该减小步长。

4. 过拟合训练

多层感知机与多项式分类器享有同一个令人不愉快的属性。从理论上说，它们能够对任何决策面建模，而这使得它们易于过拟合训练数据。读者会记得过拟合典型的意思是，对带噪声的训练样例完美地分类，但不可避免的是，随后在未来的数据上令人失望的表现。

对于小的多层感知机，这个问题并不令人痛苦，它们并不足以灵活到过拟合。但是随着隐层神经元个数的增加，网络获得了灵活性，过拟合就变成一个真正要担心的事情了。然而，正如我们会在下章所学的，这并不意味着我们应该总是倾向于小的网络。

有一个简单的方法可以发现训练过程是否达到了“过拟合”阶段。如果训练集足够大，则可以将10%~20%的样例放在一边。在误差反向传播过程中始终不用它们；确切地说，每轮学习之后，计算在这些保留的样例上的均方误差的和。一开始，这个和会趋于减少，但是至多到某一个时刻；然后，它又开始增长，警示工程师训练已经开始过拟合数据了。

二、人工神经网络与计算机信息处理能力的比较

（一）记忆与联想能力

人类的大脑有 1.4×10^{11} 神经细胞和广泛互联，从而存储大量信息，并进行筛选，联想记忆能力回顾、巩固信息。人的大脑不仅可以学习知识的记忆，而且在外部输入信息的刺激下，可以联想到一系列的相关信息，从而实现对信息的不完整进行自我关联恢复，或者相关信息的相互关联。相互关联的能力在人类大脑中的创造性思维具有非常重要的作用。

（二）学习与认知能力

人脑具有提取知识和总结实践经验的能力。新生儿的大脑几乎是空的。在成长的过程中，知识和经验日益增长，通过对外界环境的感知和自觉的训练，解决问题的能力越来越强。大脑在学习和认知能力方面的反应、经历和改变行为的能力。

（三）信息综合能力

人脑善于概括、模拟和应用客观世界不断变化的信息和知识，全面解

决问题。人脑的综合判断过程往往是逻辑处理和非逻辑信息处理相结合的过程。它不仅遵循一定的逻辑思维原则，而且还进行经验判断、模糊判断甚至直觉判断。这种对大脑的综合判断是大脑创造力的基础。[①]

（四）信息处理速度

基于大规模并行处理的基础上实现高度复杂的人脑信息处理能力是远非传统的并行多处理器系统的时间复杂度，空间复杂度可以达到的。在只有毫秒传输信息的速度，比在现代计算机的计算速度是纳秒级的电子元件的速度要慢得多，所以信息加工速度的计算机是远远高于人类的大脑。事实上，用于解决数值仅处理串行算法可以这样做的原因。

三、人工神经网络与计算机信息处理机制的比较

人脑与计算机信息处理能力的差异，特别是形象思维能力的差异，源于系统结构和信息加工机制的差异。主要体现在以下四个方面：

（一）系统结构

在漫长的进化过程中，大脑形成了一个庞大而精细的种群结构，即神经网络。大脑科学研究表明，人类大脑的神经网络是由数以亿计的神经元连接在一起的。每一个神经元相当于一个超微型信息处理和存储机制，只能执行基本的功能，如激励和抑制。大量神经元的广泛连接形成的神经网络可以进行各种极其复杂的思维活动。

（二）信号形式

人脑中有两种信号形式：模拟脉冲和离散脉冲。模拟信号具有模糊性，有利于信息的集成和非逻辑处理。这种信息处理方法很难用已有的数学方法加以充分描述，很难用计算机进行仿真。

计算机中的信息表示采用离散二进制数和两值逻辑形式，二值逻辑必须用一个定义的逻辑表达式表示。由许多逻辑关系决定的信息的处理可以分解为由计算机执行的两个值的逻辑表达式。然而，客观世界中事物之间的关系并非全部分解为二值逻辑，而是存在着各种模糊逻辑关系和非逻辑关系。计算机不具备处理此类信息的能力。

---

① 韩力群，施彦．人工神经网络理论及应用［M］．北京：机械工业出版社，2017，第3页
．

（三）信息存储

与计算机不同，人脑中的信息不是集中在某一特定区域，而是分布在整个系统中。此外，储存在人脑中的信息不是孤立的，而是相互关联的。人类大脑，信息的分布式联想存储，使人们能够很好地从扭曲的和默认的模式中恢复正确的模式，或者使用给定的信息找到所需的信息。

（四）信息处理机制

人脑神经网络是一个高度并行的非线性信息处理系统。它的并行性不仅体现在结构和信息存储上，而且体现在信息处理的操作上。由于人脑采用信息存储和信息处理的协同并行处理方法，信息处理受到原始存储信息的影响，处理后的信息作为记忆保存在神经元存储器中。信息处理和存储模式分布广泛，大量的信息处理能力从而出现不仅可以快速完成信息处理任务非常复杂的识别的神经元结构，还可以产生非常复杂和奇妙的效果。

第三节 基于主成分分析（PAC）神经网络分析与实例

一、PAC 学习

对于机器学习，计算学习理论中最具有价值可能便是“可能近似学习”，有时也简称 PAC 学习。首先，让我们来解释下相关的基本原则，然后对公式进行推导，总结一些实践建议。

（一）假设与定义。

为了简化分析过程，一些假设条件是非常有必要的。首先，训练样本以及测试样本都是完全无噪声数据；其次，所有属性都是离散的；再次，以属性值的逻辑表达式构建分类器，正样本的逻辑值为真，负样本为假；最后，至少存在一个逻辑表达式能够对所有样本进行正确分类。

每个逻辑表达式，都可以看作对分类器的一个假设。所有的假设构成一个假设空间 H，假设空间的大小（不同的假设的数量）以 $|H|$ 表示。假如对假设空间没有特别声明，我们默认 $|H|$ 为有限值。

（二）不够精确的分类器仍可能在训练样本中取得成功。

训练样本一般很少容括类别所有的细微之处。尽管一个分类器在训练样本中能够正确预测所有类标，但仍然可能在测试阶段取得很差的预测结果。随着我们增加训练样本，测试阶段预测出错的频率一般也随之降低，这是因为这些增加的样本很可能反映了原始样本缺少的样本分布。在机器学习领域，有一条简单的经验法则：训练样本越多，学习到的分类器分类效果越好。①

在测试阶段成功地预测样本的类标需要多少训练样本呢？为了找到答案，我们首先考虑这样一个分类器，其中该分类器在整个样本空间的错误率大于预定义的阈值。换句话说，分类器能够正确预测一个随机样本的概率小于“$1-\in$”。现在考虑有 m 个随机样本的情况，此时分类器能正确预测这 m 个随机样本的概率满足如下不等式：

$$P \leqslant (1-\in)^m$$

该不等式意味着：一个包含 m 个样本的训练集够被一个错误率大于 $\in$ 的分类器完全分类正确的概率是 $P \leqslant (1-\in)^m$。当然在实际情况中，这个概率是很低的。例如，如果 $\in=0.1$，$m=20$，此时概率 $P<0.122$。假如我们增加训练样本数到 100（保持分类器的错误率下界 $\in=0.1$ 不变），概率 P 减少至 10^{-4}以下。这确实已经很小，但是小概率并不等价于不可能。

去除弱分类器。假定错误率大于 $\in$ 的分类器被认为是不可接受的。那么这些从训练集推导出性能较差的分类器，能够对整个训练集进行正确分类的机会有多大呢？

对于包含 $|H|$ 个分类器的假设空间 H，现在我们考虑在 m 个训练样本中评估每个分类器的理论可能性，并且保留那些没有分类出错的分类器。在这些“幸存者”中，令人遗憾的是，有一些分类器在训练样本中是零错误率，然而在整个样本空间中错误率实际上超过了 $\in$。假设这种分类器的个数为 k。

如何确定后的值？我们可以在整个实例空间依次测试每个分类器。然而在实际过程中，这很不现实。我们唯一能确定的 $k \leqslant |H|$，幸运的是，在实际中 $|H|$ 或已知或者能够计算出来。

这里，我们重新定义概率 P 为在这后个分类器中至少有一个分类器

① ［美］米罗斯拉夫·库巴特．机器学习导论［M］．北京：机械工业出版社，2017，第150页．

在 m 个训练样本中取得零错误的概率。此时 P 的上界满足如下不等式：

$$P \leqslant k(1-\in)^m \leqslant |H|(1-\in)^m \quad (8-4)$$

通过上式，我们为在排除所有错误率超过 $\in$ 的分类器之后，分类器在 m 个训练样本中能够成功正确分类概率定义了一个上界。

方便起见，对式（8-4）进行相应的修改。数学家都知道 $1-\in < e^{-\in}$，意味着 $(1-\in) < e^{-m\in}$。进行指数变化后，P 的上界如下：

$$P \leqslant |H|e^{-me} \quad (8-5)$$

假定我们希望这个概率低于某些用户自己设置的阈值 δ：

$$|H|e^{-me} \leqslant \delta \quad (8-6)$$

对式（8-6）左右两边取对数，并进行重新排列，得到式（8-4），具体将在下面的部分进行讲解。

$$m > \frac{1}{\in}\left(\ln|H| + \ln\frac{1}{\delta}\right) \quad (8-7)$$

“可能近似正确”学习。我们对推导过程进行详细的讲解，主要还是帮助读者能更好地理解其中一些容易被混淆的变量的具体含义。为此，我们特意在表 8-1 中总结了涉及的变量，方便读者快速浏览。

表 8-1　PAC 可学习性中使用的变量

m	…	训练样本数
$\|H\|$	…	假设空间大小
$\in$	…	分类器错误率上限
δ	…	分类器在一定错误率下可训练的概率
		大于 ε 被认为在训练集上是 error-free 的

现在，我们已经具备定义一些重要概念的条件。一个错误率低于 ε 的分类器可以被认为是近似正确的。δ 定义为近似正确的分类器，我们至少需要 m 个训练样本。这个结论并不取决于你使用哪种机器学习技术，仅仅依赖于分类器假设空间 $|H|$ 的大小。

特别注意，m 与 $\frac{1}{\in}$ 呈线性增长关系。例如，我们加强分类器的错误率约束，把 $\in=0.2$ 调低到 0.1，仍要求以相同的概率 δ 获取分类器，此时我们需要先前两倍的样本数量。同时，读者也应该留意到对于 δ 的变化 m 是比较不敏感的，只是与 $\frac{1}{\delta}$ 呈对数增长关系。

二、PAC 可学习性的实例

式（8-4）告诉我们，在给定 $\in$ 和 δ 的情况下，模型的可学习能力仅仅依赖于假设空间的大小。接下来我们将以一两种具体的分类器为例进行讲解。

（一）布尔型属性的合取：假设空间

假定所有的属性都属于布尔型，而且所有数据都是无噪声的，我们定义样本的类别取决于属性的逻辑组合：如果结果为真，则认为样本为正样本，否则为负样本。例如，训练样本的预测类标可以由如下逻辑表达式决定：

att1 = trueANDatt2 = false

这意味着一个样本被标记为正样本，则必须满足属性 1 为真，属性 2 为假，剩余属性无须考虑。假如样本不同时满足这两个条件，则被标记为负样本。

以机器学习的术语来说，这里的任务就是找到一个逻辑与表达式，能够对训练集实现正确分类任务。此时，所有满足我们定义的与运算构成的整个假设空间 H 有多大呢？

上面指定的逻辑与运算中，每个属性或为真或为假，或者不相干。这使得属性 1 有 3 种可能性，属性 2 也有 3 种可能性，以此类推直到最后一个属性 n。因此，假设空间满足 $|H| = 3^n$ 。

（二）布尔型属性的合取：PAC 可学习性。

假设有一个无噪声的训练样本集可以用于训练符合上述范式的分类器。我们认为至少存在一个与运算能够对所有训练样本实现正确分类。

因为 $\ln|H| = \ln 3^n = n\ln 3$，由式（8-4）可得：

$$m > \frac{1}{\in}\left(n\ln 3 + \ln\frac{1}{\delta}\right) \tag{8-8}$$

通过式（8-8）我们可以得到训练样本数目的一个相对保守的下界，该下界满足以 δ 的概率使得训练出来的分类器在整个样本空间的错误率不超过 $\in$ 。需要注意的是，训练样本数量 m 与属性个数 n 呈线性关系。理论上来讲，保持 $\in$ 与 δ 值不变，如果属性数目加倍，则需要的训练样本也需加倍。

（三）任意布尔函数：假设空间

让我们拓展上述分类器至任何布尔函数，也就是现在考虑所有的 3 种基础逻辑运算（与运算、或运算、非运算）以及它们之间的自由组合。当然，此处我们也是假定所有样本是无噪声数据且包含了 n 个布尔型属性。那么此时假设空间又是多大呢？

从 n 个布尔型属性，我们能够获得 2^n 个不同的样本。这定义了样本空间的大小。对于样本空间中的任意一个子集，至少存在一个逻辑函数，使得该子集内部样本的逻辑值为真，该子集外部样本的逻辑值为假。从分类角度来看，假如两个逻辑函数对任意一个样本的预测结果相同，则可称这两个逻辑函数是一致的，因为对于任意样本的预测意见总是一致的。因此根据逻辑函数对样本空间的划分，则逻辑函数的个数应该与样本空间的子集个数一致。

我们都知道，对于一个包含 X 个元素的集合拥有 2^X 个子集。因为我们指定的样本空间包含 2^n 个样本，则样本空间的子集个数为 2^{2^n}，同时这也是我们假设的空间大小。

$$|H| = 2^n \tag{8-9}$$

（四）任意布尔函数：PAC 可学习性

由于 $\ln|H| = \ln 2^{2^n} = 2^n \ln 2$，由式（8-9）可得：

$$m > \frac{1}{\in}\left(2^n \ln 2 + \ln \frac{1}{\delta}\right) \tag{8-10}$$

从式（8-10）我们可以得到以下结论：给定合适的 $\in$ 与 δ，所需训练样本数目的下界与属性的个数呈指数增长关系。如此增长速度，在实践中应该尽量避免。例如，如果我们只增加一个属性，则 $\ln|H|$ 值加倍，因为 $2^{n+1} + \ln 2$ 是 $2^n \ln 2$ 的两倍。同理，假如我们增加 10 个属性，则 $\ln|H|$ 至少增加千倍。综上所述，这足够使我们相信这种形式的分类器不具有 PAC 可学习性。

第四节 基于支持向量机神经网络分析与实例

一、支持向量机神经网络的基本理论

（一）最优超平面的含义

用于分类的超平面方程为

$$W^T X + b = 0 \tag{8-11}$$

式中，X 为输入向量；W 为权值向量；b 为偏置，相当于前几章中的负阈值（$b=-T$），则有

$$W^T X^p + b > 0，当 d^p = +1$$
$$W^T X^p + b < 0，当 d^p = -1$$

通过对平面间隔的定义公式（8-7）和最近的样本点被称为分离的边缘，由 p 向量表示的是找到一个超平面分离超平面的最大优势，最优超平面。图 8-5 显示在二维平面上的最优超平面。可以看出，最优超平面可以提供两类之间的最大可能的分离，因此重量 W_0 的偏差和最优超平面应该是唯一的 b_0。在一组公式定义的超平面（8-7），最优超平面的方程应为：

$$W^T X_0 + b_0 = 0 \tag{8-12}$$

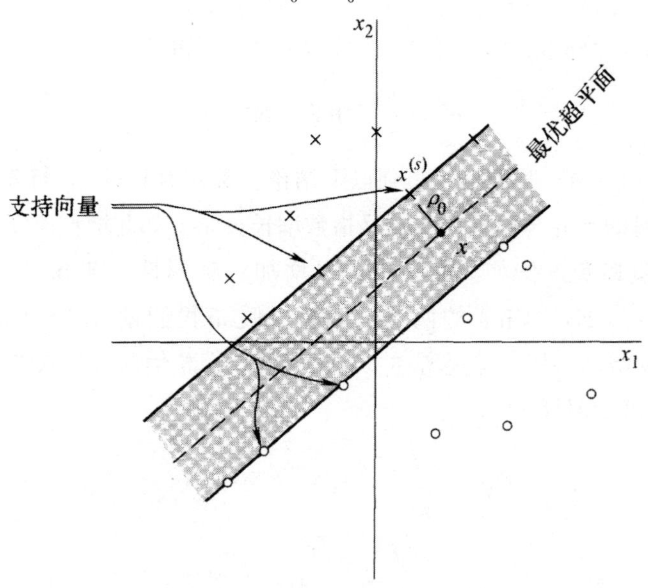

图 8-5 二维平面中的最优超平面

从解析几何知识中可以得到样本空间中任意点与最优超平面之间的距离。

$$r = \frac{W_0^T X + b_0}{\| W_0 \|} \quad (8-13)$$

从而有判别函数

$$g(X) = r \| W_0 \| = W_0^T X + b_0 \quad (8-14)$$

给出了从 X 到最优超平面距离的代数度量。

对判别函数进行归一化处理，使所有样本都满足。

$$\begin{matrix} W_0^T X^p + b_0 \geqslant 1, \text{当} d^p = +1 \\ W_0^T X^p + b_0 \leqslant 1, \text{当} d^p = -1 \end{matrix} \quad P=1, 2\cdots, P \quad (8-15)$$

它是满意的特殊样本 X^s 是最接近最优超平面 $|g(X^s)|=1$，被称为支持向量。由于支持向量最接近分类决策面，它们是最难对数据点进行分类的，因此这些向量在支持向量机的操作中起着主导作用。

式（8-15）中的两行也可以组合起来用下式表示

$$d^p(W^T X^p + b) \geqslant 1 \quad P=1, 2\cdots, P \quad (8-16)$$

其中，W_0用 W 代替。

由式（8-13）可导出从支持向量到最优超平面的代数距离为

$$r = \frac{g(X^s)}{\| W_0 \|} \begin{cases} \dfrac{1}{\| W_0 \|} d^s = +1, X^s \text{在最优超平面的负面} \\ -\dfrac{1}{\| W_0 \|} d^s = -1, X^s \text{在最优超平面的负面} \end{cases} \quad (8-17)$$

因此，两类之间的间隔可用分离边缘表示为：

$$\rho = 2y = \frac{2}{\| W_0 \|} \quad (8-18)$$

上式表明，分离边缘最大化等价于使权值向量的范数 $\| W \|$ 最小化。因此，满足式（8-17）的条件且使 $\| W \|$ 最小的分类超平面就是最优超平面。

（二）线性可分数据最优超平面的构建

最优分类的设置问题可以表示为一个约束优化问题如下，即对于给定的训练样本 $\{(X^1, d^1), (X^2, d^2), \cdots, (X^p, d^p), \cdots, (X^{p'}, d^p), \}$，寻找最优权重向量 W 和 T 值，式（8-12）最小费用函数的约束下

$$\varphi(W) = \frac{1}{2} \| W \|^2 = \frac{1}{2} W^T W \quad (8-19)$$

约束优化问题的代价函数是 W 的凸函数，W 上的约束是线性的，拉

格朗日系数法可以用来求解约束优化问题。拉格朗日函数的引入如下

$$L(W,\ b,\ a)=\frac{1}{2}W^TW-\sum_{P=1}^{P}a_p[d^p(W^TX^P+b)-1] \tag{8-20}$$

式中，$a_p\geqslant 0$，$p=1$，2，…，P 称为拉格朗日系数。式（8-20）中的第一项为代价函数 $\Phi(W)$，第二项非负，为使第一项最小化，将式（8-20）对 W 和 b 求偏导，并使结果为零

$$\begin{aligned}\frac{\partial L(W,\ b,\ a)}{\partial W}=0\\ \frac{\partial L(W,\ b,\ a)}{\partial b}=0\end{aligned} \tag{8-21}$$

用式（8-16）和式（8-17），经过整理可导出最优化条件 1

$$W=\sum_{p=1}^{P}a_pd^p=0 \tag{8-22}$$

为使第二项最大化，将式（8-16）展开如下

$$L(W,\ b,\ a)=\frac{1}{2}W^TW-\sum_{P=1}^{P}a_pd^pW^TX^P-b\sum_{P=1}^{P}a_pd^p+\sum_{P=1}^{P}a_p$$

根据式（8-22），上式中的第三项为零。根据式（8-21），可将上式表示为

$$\begin{aligned}L(W,\ b,\ a)&=\frac{1}{2}W^TW-W^T\sum_{P=1}^{P}a_pd^pW^TX^P+\sum_{P=1}^{P}a_p\\&=\frac{1}{2}W^TW-W^TW+\sum_{P=1}^{P}a_p\\&=\frac{1}{2}W^TW+\sum_{P=1}^{P}a_p\end{aligned}$$

根据式（8-21）可得到

$$W^TW=W^T\sum_{P=1}^{P}a_pd^pX^P=\sum_{P=1}^{P}\sum_{j=1}^{P}a_pa_jd^pd^j\ (X^P)^TX^P$$

设关于 a 的目标函数为 $Q(a)=L(W,\ b,\ a)$，则有

$$Q(a)=\sum_{p=1}^{P}a_p-\frac{1}{2}\sum_{p=1}^{P}\sum_{j=1}^{P}a_pa_ld^pd_j^l\ (X^P)^TX^P \tag{8-23}$$

至此，原来的最小化 $L(W,\ b,\ a)$ 函数问题转化为一个最大化函数 $Q(a)$ 的“对偶”问题，即给定训练样本 $\{(X^1,\ d^1),\ (X^2,\ d^2),\ \cdots,\ (X^p,\ d^p),\ \cdots,\ (X^{p,},\ d^p),\ \}$，求解使式（8-23）为最大值的拉格朗日系数 $\{a_1,\ a_2,\ \cdots,\ a_P,\ \cdots,\ a_P\}$，并满足约束条件 $\sum_{p=1}^{p}\alpha_pd^p=0$；$\alpha_{\mathrm{p}}\geqslant 0$，$p=1,\ 2,\ \cdots,\ P$。

由 Kuhn- Tucker 定理知，式（8-23）的最优解必须满足以下最优化条件（KKT 条件）

$$a_p[(W^T X^p + b)d^p - 1] = 0,\ p = 1,\ 2,\ \cdots,\ P \tag{8-24}$$

设 $Q(a)$ 的最优解为 $\{at_{01},\ a_{02},\ \cdots,\ a_{0p},\ \cdots,\ a_{0p}\}$，可通过式（8-24）计算最优权值向量，其中多数样本的拉格朗日系数为零，因此

$$W_0 = \sum_{p=1}^{P} a_{0p} d_p X_p = \sum_{\substack{\text{所有支} \\ \text{持向量}}} a_{0p} d^s X^s \tag{8-25}$$

通过计算权重向量和一个积极的支持向量，最佳偏移可以通过进一步的计算公式（8-21）

$$d_0 = 1 - W_0^T X^S \tag{8-26}$$

在上层形式的 P 输入向量中，只有一些支持向量的拉格朗日系数不是零，所以计算复杂度取决于支持向量的个数。

二、非线性支持向量机

（一）基于内积核的最优超平面

设 X 为 N 维输入空间的向量，令 $\Phi(X) = [\Phi_1(X),\ \Phi_2(X),\ \cdots,\ \Phi_M(X)]^T$表示从输入空间到 M 维特征空间的非线性变换，称为输入向量 X 在特征空间诱导出的“像”。通过上述思路，我们可以构造特征空间中的分类超平面。

$$\sum_{j=1}^{M} w_j \varphi_j(X) + b = 0 \tag{8-27}$$

式中的 w_j，$j=1,\ 2,\ \cdots,\ M$ 为将特征空间连接到输出空间的权值，b 为偏置或负阈值。令 $\Phi_0(X) = 1$，$w_0 = b$，上式可简化为

$$\sum_{j=0}^{M} w_j \varphi_j(X) = 0 \tag{8-28}$$

或写成

$$W^T \varphi(X) = 0 \tag{8-29}$$

将适合线性可分模式输入空间的式（8-23）用于特征空间中线性可分的“像”，只需用 $\Phi(X)$ 替换 X，得到

$$W = \sum_{P=1}^{P} a_p d^p \varphi(X^p) \tag{8-30}$$

将上式代入式（8-29）可得特征空间的分类超平面为

$$\sum_{P=1}^{P} a_p d^p \varphi^T(X^p) \varphi(X) = 0 \tag{8-31}$$

式中，$\Phi^T(X^p)\Phi(X)$ 为第 p 个输入模式 X^p 在特征空间的像 $\Phi(X^p)$ 与输入向量 X 在特征空间的像 $\Phi(X)$ 的内积，因此在特征空间构造最优超平面时，仅使用特征空间中的内积。若能找到一个函数 $K(\cdot)$，使得

$$K(X,\ X^P)=\varphi^T(X)\varphi(X)=\sum_{j=1}^{M}\varphi_j(X^P)\varphi_j(X^P),\ p=1,\ 2,\ \cdots,\ p \tag{8-32}$$

则在特征空间建立超平面时无需考虑变换函的形式。$K(X,\ X^p)$ 称为内积核函数。

泛函分析中的 Mercer 定理给出作为核函数的条件：$K(X,\ X')$ 表示一个连续的对称核，其中 X 定义在闭区间 $a\leqslant X\leqslant b$，X' 类似。核函数 $K(X,\ X')$ 可以展开为级数

$$K(X,\ X')=\sum_{i=j}^{\infty}\lambda_i\varphi_i(X)\varphi_i(X') \tag{8-33}$$

式中所有 $\lambda_i>0$。保证式（8-33）一致收敛的充要条件是

$$\int_b^a\int_b^a K(X,\ X')\varphi(X)\varphi(X')\,dXdX'\geqslant 0 \tag{8-34}$$

对于所有满足 $\int_b^a\varphi^2(X)\,dX<\varphi(\cdot)$ 成立。

（二）非线性支持向量机神经网络

支持向量机的思想是，对于非线性可分数据，在进行非线性变换后的高维特征空间实现线性分类，此时最优分类判别函数为

$$f(X)=\mathrm{sgn}\Big[\sum_{p=1}^{p}a_{0p}d^pK(X^P,\ X)+b_0\Big] \tag{8-35}$$

令支持向量的数量为 N_s，去除系数为零的项，上式可改写为

$$f(X)=\mathrm{sgn}\Big[\sum_{s=1}^{N_S}a_{0p}d^sK(X^s,\ X)+b_0\Big] \tag{8-36}$$

图 8-6 给出了支持向量机神经网络的示意图。

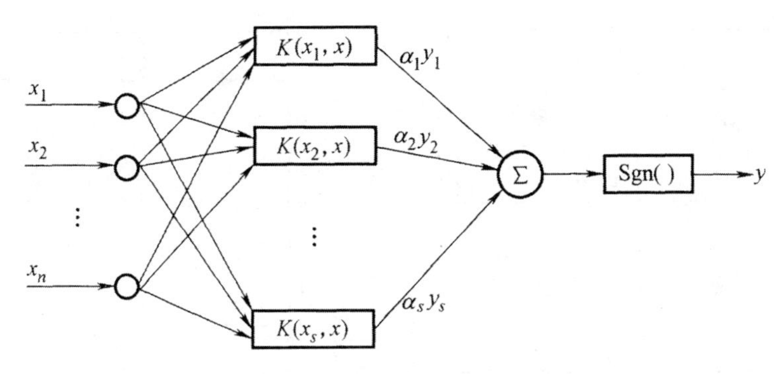

图 8-6　支持向量机神经网络

设输入数据为 2 维平面的向量 $X=[x_1, x_2]^T$，共有 3 个支持向量，因此应将 2 维输入向量非线性映射为 3 维空间的向量 $\Phi(X)=[\Phi_1(X), \Phi_2(X), \Phi_3(X)]^T$。选择 $K=(X^i, X^j=[(X^i)^T.X^j]^2$，使映射 $\Phi(\cdot)$从 R2、R3 满足

$$[(X^i)^T \cdot X^j]^2=\varphi^T(X)\varphi(X)$$

对于给定的核函数，映射 $\Phi(\cdot)$ 和特征空间的维数都不是唯一的。

三、支持向量机设计应用实例

（一）XOR 问题

为了说明支持向量机的设计过程，讨论如何用 SVM 处理 XOR 问题。4 个输入样本和对应的期望输出如图 8-7a 所示。

方法一：选择映射函数 $\Phi(X)=[\Phi_1(X), \Phi_2(X), \cdots, \Phi_M(X)]^T$，将输入样本映射到更高维的空间，使其在该空间是线性可分的。有许多这样的映射函数，例如，$\varphi(X)=[1, \sqrt{2}x_1, \sqrt{2}x_2, \sqrt{2}x_1x_2, x_1^2, x_1^{2-T}]$ 可将 2 维训练样本映射到一个 6 维特征空间。这个 6 维空间在平面上的投影如图 8-7b 所示。可以看出分离边缘为 $p=\sqrt{2}$，通过支持向量的超平面在正负两侧平行于最优超平面，其方程为 $\sqrt{2}x_1x_2=\pm 1$，对应于原始空间的双曲线 $x_1x_2=\pm 1$。

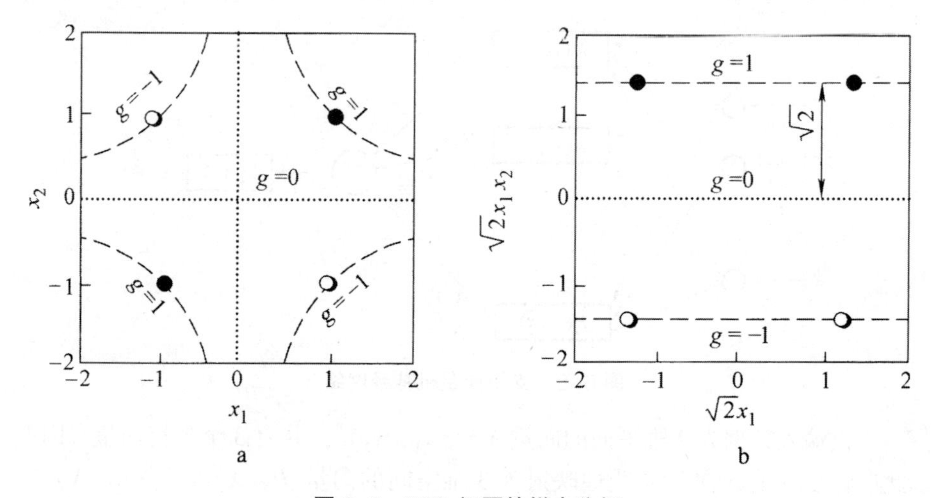

图 8-7 XOR 问题的样本分析

a 原始输入空间　　b 特征空间

在平面上的投影寻求使

$$Q(a)=\sum_{p=1}^{p}a_p-\frac{1}{2}\sum_{p=1}^{p}\sum_{j=1}^{p}a_pa_jd^pd^j\varphi^T(X^P)\varphi(Xj)$$

$$=a_1+a_2+a_3+a_4-\frac{1}{2}(9a_1^2-2a_1a_2-2a_1a_3+2a_1a_4+9a_2^2+2a_2a_3$$

$$-2a_2a_49a_3^2-2a_3a_4+9a_4^2)$$

最大化的拉格朗日系数，约束条件为

$$a_1-a_2+a_3-a_4=0$$

$$a_p\geqslant 0p=1,\ 2,\ 3,\ 4$$

从该问题的对称性，可取 $a_1=a_3$，$a_2=a_4$。Q（a）对 a_p，p=1，2，3，4 求导并令导数为零，得到下列联寺方程组

$$9a_1-a_2-a_3+a_4=0$$

$$-a_1-9a_2+a_3-a_4=1$$

$$-a_1+a_2+9a_3-a_4=1$$

$$-a_1-a_2-9a_3+9a_4=1$$

解得拉格朗日系数的最优值为 $a_{0p}=1/8$，p=1，2，3，4，可见 4 个样本都是支持向量，$Q(a)$的最优值为 1/4。

（二）人工数据分类

用支持向量机对图 8-8a 所示的人工数据进行分类。图中的“口”代表 1 类，共有 50 样本：“0”代表 2 类，共有 100 个样本。

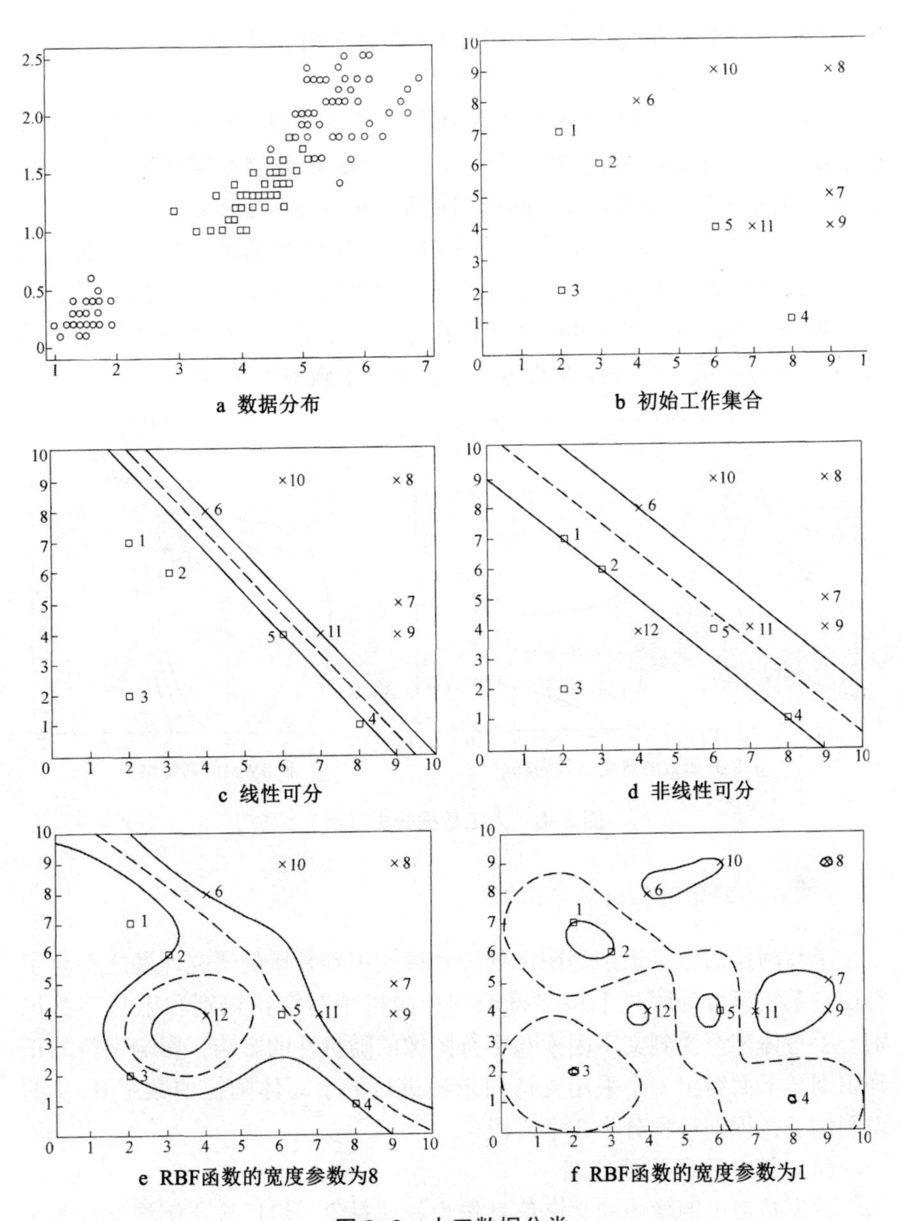

图 8-8　人工数据分类

采用改进的 SVM 算法对人工数据进行分类，过程如下：

(1) 给出 ll 个待分类数据的工作集合如图 8-8b 所示，此时 11 个数据点为线性可分的，使用最简单的线性支持向量机训练该集合结果如图 8-8c所示。图中虚线为分类判别界，实线为两类样本的最大间隔边界。

(2) 在该数据集合中添加一个编号为 12 的样本，从图 8-8d 可以看出，此时新的数据集为非线性可分的，若仍采用线性支持向量机进行训练，会带来分类误差。

（3）对 12 个样本的工作集合采用非线性支持向量机进行分类，选择 RBF 函数作为支持向量机的内积核函数，RBF 函数的宽度参数由设计者确定。不同的宽度参数对分类的影响情况如图 8-8e～g 所示。

（4）在工作集合中不断增加新样本，并用原判别函数进行分类，若出现错误分类则表明该新样本为前面训练时遗漏的支持向量，应将其并入工作集合重新训练。图 8-8h 给出了最终的训练结果：在 150 个样本中共有 15 个支持向量，错分样本数为 6 个，分类正确率为 96.0%。

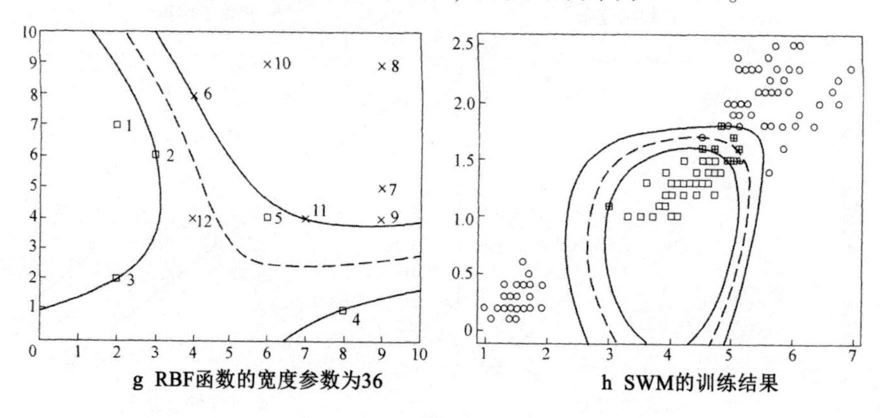

图 8-8 人工数据分类（续）

（三）手写体阿拉伯数字识别

手写阿拉伯数字识别是图像处理和模式识别领域的研究课题之一。字符识别系统可分为联机手写字符识别和脱机手写字符识别和手写字符识别。手写体字符受到文字因素和字符图像的随机性的影响，影响字符的正确识别。下面给出一个采用支持向量机进行的手写体阿拉伯数字 0～9 的识别例子，识别过程分为 3 个阶段。

（1）第一阶段：预处理

首先裁剪出图像中的文字信息作为处理对象，然后按比例将字符图像归一化为 64×40 像素。利用 MATLAB 中的 im2bw 函数将待识别图像转化为二进制图像，在利用 bwperim 函数得到待识别数字的骨架。

（2）第二阶段：特征提取

特征提取有多种方法。实例中提取的特征是通行数、粗网格特征和密度特征。

①穿越次数特征：水平扫描或垂直扫描，从白色到黑色的像素数变

化。如图 8-9 所示，在水平扫描像素的字符图像的高度 1/5，通过计算时代入，数字 10 可以分为两大类，穿越次数 1，4，7，9，2 倍交叉数可能是 0，2，3，5，6，8。同样，从 4/5 高度扫描的图像来看，1 的通行证数是 1 和 7，交叉 2 的数量是 0 和 8。这基本上使分类如图 8-10 所示。

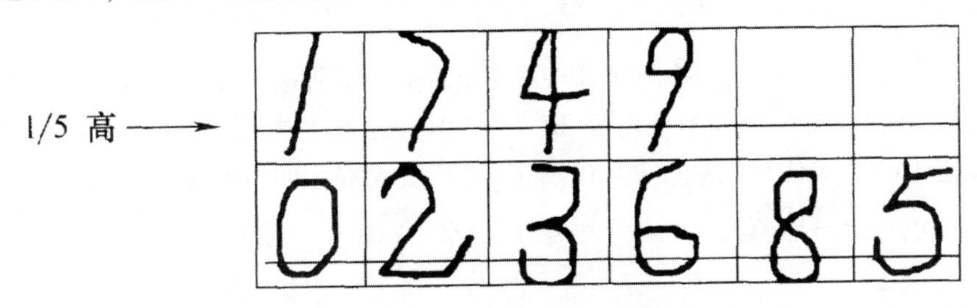

图 8-9　穿越次数特征提取

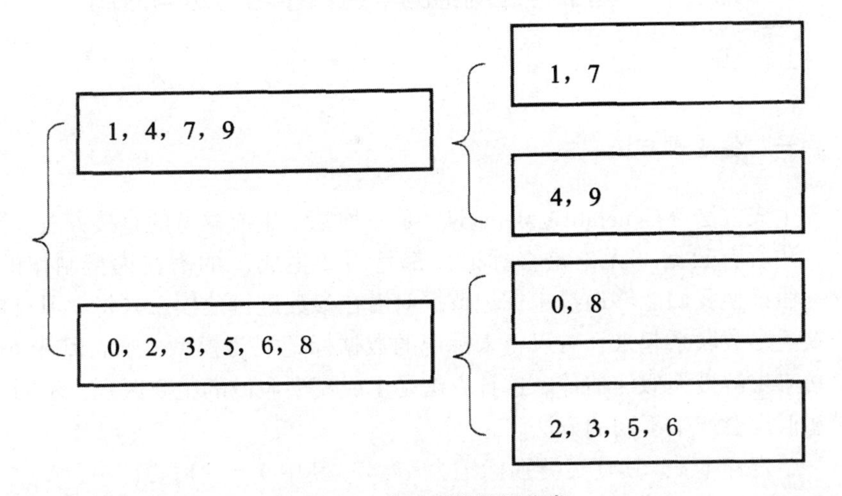

图 8-10　穿越次数特征分类

②粗网格特征：64×40 大小的字符图像分为 8×5 个网格，每个网格块包含 8×8 个像素，每个网格黑色像素为 1，0 表示每个网格中的黑像素统计是获得 40 维网格特征的数值表示。

③密度特征：对 8×5 网格计算水平块和垂直块的黑像素密度特征（40 维）。

（3）第三阶段：手写体数字识别

对于预处理后的识别手写数字图像，交叉特征、基本分类提取；提取的粗网格和密度的特点，形成一个 80 维的向量，然后由 SVM 自数字分类。SVM 分类器是一个分类器，0 ~ 9 号码识别需要多个 SVM 分类器的使用。这个例子是基于 MATLAB 相结合的训练计划，在 LIBSVM svmtrain

软件识别程序 svmpredict（他们支持两分类也支持多分类），和内积核函数作为径向基函数。

训练集中每种数字采集了 100 个不同的手写体样本，共计 1000 个样本。由于在特征提取时应用穿越特征进行了基本的分类，因此识别率有所提高。

在相同条件下，用 SVM 和 BP 神经网络分别进行手写体数字识别，SVM 识别方案在识别率上优于 BP 网络识别方案。由于 SVM 算法将问题转化为凸二次优化问题，得到的解是全局最优解；而 BP 网络得到的解可能存在局部最优解。

第五节　基于神经网络的半监督学习方法与应用

一、生成式方法

生成方法（Generative Methods）是一种基于生成模型的直接方法。这些方法所有数据（无论是否标记）都是用“生成”的潜在模型制作的。这一假设使我们能够通过未标记数据对潜在参数进行建模，并将学习目标与缺乏参数联系起来，可以将未标记的数据标记视为模型，通常基于 EM 算法来求解极大似然估计。这种方法是生成模型假设的主要区别，不同的模型假设会产生不同的方法。

给定样本 x，其真实类别标记为 $y \in Y$，其中 $Y=\{1, 2, \cdots, N\}$ 为所有可能的类别，假设样本由高斯混合模型生成，且每个类别对应一个高斯混合成分，换言之，数据样本是基于如下概率密度生成：

$$p(x)=\sum_{i=1}^{N} a_i \cdot p(x \mid \mu_i, \sum i)$$

其中，混合系数 $a_i \geqslant 0$，$\sum_{i=1}^{N} a_i=1$；$p(x \mid \mu_i, \sum_i)$ 是样本 x 属于第 i 个高斯混合成分的概率；μ_i 和 $\sum_i$ 为该高斯混合成分的参数，

令 $f(x) \in Y$ 表示模型 f 对 x 的预测标记，$\theta \in \{1, 2, \cdots, N)$ 表示样本 x 隶属的高斯混合成分，由最大化后验概率可知

$$\begin{aligned} f(x) &= \underset{j \in y}{\operatorname{argmax}} p(y=j \mid x) \\ &= \underset{j \in y}{\operatorname{argmax}} \sum_{i=1}^{N} p(y=j, \theta=i \mid x) \end{aligned}$$

$$= \underset{j \in y}{\operatorname{argmax}} \sum_{i=1}^{N} p(y=j,\ \theta=i \mid x) \cdot p(\theta=i \mid x) \tag{8-37}$$

其中

$$p(\theta=i \mid x) = \frac{a_i p(x \mid \mu_i,\ \sum_i)}{\sum_{i=1}^{N} a_i \cdot p(x \mid \mu_i,\ \sum_i)} \tag{8-38}$$

为样本 x 由第 i 个高斯混合成分生成的后验概率，$p(y=j \mid \theta=i,\ x)$ 为 x 由第 i 个高斯混合成分生成且其类别为 j 的概率，由于假设每个类别对应一个高斯混合成分，因此 $p(y=j \mid \theta=i,\ x)$ 仅与样本 x 所属的高斯混合成分0有关，可用 $p(y=j \mid \theta=i)$ 代替。不失一般性，假定第 i 个类别对应于第 i 个高斯混合成分，即 $p(y=j \mid \theta=i)=1$ 当且仅当 $i=j$，否则 $p(y=j \mid \theta=i)=0$。

不难发现，式（8-5）中估计 $p(y=j \mid \theta=i,\ x)$ 需知道样本的标记，因此仅能使用有标记数据；而 $p(\theta=i \mid x)$ 不涉及样本标记，这是因为标记和未标记的数据可以使用。通过对大量的未标记数据的引入，这一估计可能是由于增加的数据和更准确的量，所以总的估计可能更准确。我们可以清楚地看到未标记数据辅助性能可以提高分类模型，[①] 给定有标记样本集 $D_l=\{(x_1,\ y_1),\ (x_2,\ y_2),\ \cdots,\ (x_l,\ y_l)\}$ 和未标记样本集 $D_u=\{x_{l+1},\ x_{l+2},\ \cdots,\ x_{l+u}\}$，$l \ll u$，$l+u=m$。假设所有样本独立同分布，且都是由同一个高斯混合模型生成的，用极大似然法来估计高斯混合模型的参数 $\{(a_i,\ \mu_i,\ \sum_i) \mid 1 \leqslant i \leqslant N\}$，$D_l \cup D_u$ 的对数似然是

$$LL(D_l \cup D_u) = \sum_{(x_j,\ y_j) \in D_l} \ln\left(\sum_{i=1}^{N} a_i \cdot p(x_j \mid \mu_i,\ \sum_i) \cdot p(y_i \mid \theta=i,\ x_j)\right.$$
$$+ \sum_{x_j \in D_u} \ln\left[\sum_{i=1}^{N} a_i \cdot p(x_j \mid \mu_i,\ \sum_i)\right] \tag{8-39}$$

式（8-39）由两项组成：基于有标记数据 D_l 的有监督项和基于未标记数据 D_u 的无监督项，显然，高斯混合模型参数估计可用 EM 算法求解，迭代更新式如下：

E 步：根据当前模型参数计算未标记样本 x_j 属于各高斯混合成分的概率

$$\gamma_{ji} = \frac{a_i \cdot p(x_j \mid \mu_i,\ \sum_i)}{\sum_{i=1}^{N} a_i \cdot p(x_j \mid \mu_i,\ \sum_i)} \tag{8-40}$$

---

① 周志华．机器学习［M］．北京：清华大学出版社，2016，第296页．

M 步：基于 γ_{ji} 更新模型参数，其中 l_i 表示第 i 类的有标记样本数目

$$\mu_i=\frac{1}{\sum_{x_j\in D_u}\gamma_{ji}+l_i}\left(\sum_{x_j\in D_u}\gamma_{ji}x_j+\sum_{(x_j,\ y_j)\in D_l\wedge y_i=i}x_j\right)$$

$$\Sigma_i=\frac{1}{\sum_{x_j\in D_u}\gamma_{ji}+l_i}\left[\sum_{x_j\in D_u}\gamma_{ji}(x_j-\mu_i)(x_j-\mu_i)^T+\sum_{(x_j,\ y_j)\in D_u\wedge y_j=i}(x_j-\mu_i)(x_j-\mu_i)^T\right]$$

$$a_i=\frac{1}{m}\left(\sum_{x_j\in D_u}\gamma_{ji}+l_i\right)$$

将上述过程中的高斯混合模型换成混合专家模型（Miller and Uyar，1997）、朴素贝叶斯模型（Nigam et al.，2000）等即可推导出其他的生成式半监督学习方法。此类方法简单，易于实现，在有标记数据极少的情形下往往比其他方法性能更好。然而，此类方法有一个关键：模型假设必须准确，即生成模型的假设必须与实际数据分布一致；否则，利用未标记数据会减少（Cozman and Cohen，2002）。不幸的是，泛化性能，在真实的任务往往很难做出准确的模型假设，除非他们有足够的和可靠的知识。

二、半监督 SVM

半监督支持向量机（Semi-Supervised Support Vector Machine，简称 S3VM）是支持向量机在半监督学习上的推广。在不考虑未标记样本时，支持向量机试图找到最大间隔划分超平面；而在考虑未标记样本后，S3VM 试图找到能将两类有标记样本分开，且穿过数据低密度区域的划分超平面。如图 8-11 所示，这里的基本假设是“低密度分隔”（low-density separation），显然，这是聚类假设在考虑了线性超平面划分后的推广。

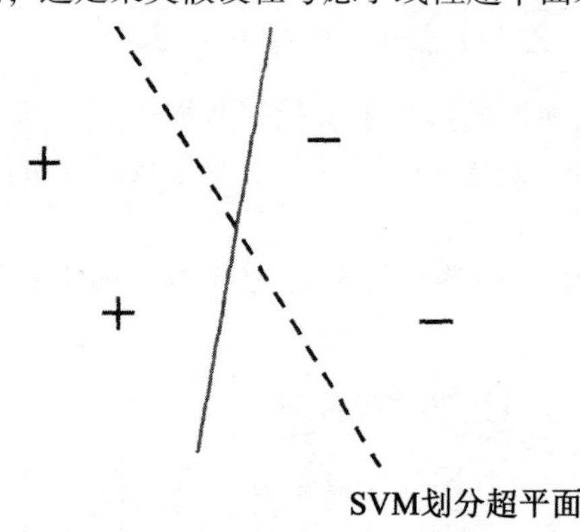

图 8-11　半监督支持向量机与低密度分隔（“+”“—”分别表示有标记的正、反例，灰色点表示未标记样本）

半监督支持向量机中最著名的是 TSVM（IYansductive Support Vector Machine）（Joachims，1999），与标准 SVM -样，TSVM 也是针对二分类问题的学习方法。TSVM 试图考虑对未标记样本进行各种可能的标记指派（label assignment），即尝试将每个未标记样本分别作为正例或反例，然后在所有这些结果中，寻求一个在所有样本（包括有标记样本和进行了标记指派的未标记样本）上间隔最大化的划分超平面，一旦划分超平面得以确定，未标记样本的最终标记指派就是其预测结果。

形式化地说，给定 $D_l=\{(x_1,y_1),(x_2,y_2),\cdots,(x_1,y_1)\}$ 和 $D_u=\{x_{1+1},x_{l+2},\cdots,x_{l+u}\}$。其中 $y_i\in\{-1,+1)$，$l\ll u$，$l+u=$ m。TSVM 的学习目标是为 D_u 中的样本给出预测标记 $\hat{y}=(\hat{y}_{l+1},\hat{y}_{l+2},\cdots,\hat{y}_{l+u})$，$\hat{y}_i\in\{-1,+1\}$ 使得

$$\min_{w,b\hat{y},\xi}\frac{1}{2}\|w\|\frac{2}{2}+C_l\sum_{i=1}^{l}\xi_i+Cu\sum_{i=l+1}^{m}\xi_i \tag{8-41}$$

$$y_i(w^Tx_i+b)\geqslant 1-\xi_i,\ i=1,2,\cdots l,$$

$$\hat{y}_i(w^Tx_i+b)\geqslant 1-\xi_i,\ i=l+1,l+2,\cdots m,$$

$$\xi_i\geqslant 0,\ i=1,2,\cdots m,$$

其中，(w,b) 确定了一个划分超平面；ξ 为松弛向量，ξ_i（$i=1,2,\cdots,l$）对应于有标记样本，ξ_i（$i=l+1,l+2,\cdots,m$）对应于未标记样本；C_l与 C_u是由用户指定的用于平衡模型复杂度、有标记样本与未标记样本重要程度的折中参数。

显然，尝试未标记样本的各种标记指派是一个穷举过程，仅当未标记样本很少时才有可能直接求解。在一般情形下，必须考虑更高效的优化策略。

TSVM 采用局部搜索来迭代地寻找式（8-41）的近似解。具体来说，它先利用有标记样本学得一个 SVM，即忽略式（8-41）中涉及 C_l与 $\hat{y}$ 的项及约束，然后，利用这个 SVM 对未标记数据进行标记指派（label assignment），即将 SVM 预测的结果作为“伪标记”（pseudo-label）赋予未标记样本。此时 $\hat{y}$ 成为已知，将其代入式（8-41）即得到一个标准 SVM 问题，于是可求解出新的划分超平面和松弛向量；注意到此时未标记样本的伪标记很可能不准确，因此 C_u要设置为比 C_l小的值，使有标记样本所起作用更大。接下来，TSVM 找出两个标记指派为异类且很可能生错误的未标记样本，交换它们的标记，再重新基于式（8-41）求解出更新后的划分超平面和松弛向量，然后再找出两个标记指派为异类且很可能

发生错误的未标记样本，……标记指派调整完成后，逐渐增大 C_u 以提高未标记样本对优化目标的影响，进行下一轮标记指派调整，直至 $C_u = C_l$ 为止，此时求解得到的 SVM 不仅给未标记样本提供了标记，还能对训练过程中未见的示例进行预测。

三、基于分歧的方法

与生成方法，半监督支持向量机、半监督使用基于不同方法未标记数据的学习单一的学习者（基于分歧的方法）使用多个学习器，一个“分歧”之间的学习装置（分歧）利用未标记数据的关键。

假设不同视图具有“相容性”（compatibility），即其所包含的关于输出空间 y 的信息是一致的：令 y^1 表示从图像画面信息判别的标记空间，y^2 表示从声音信息判别的标记空间，则有 $y = y^1 = y^2$，例如两者都是（爱情片，动作片），而不能是 $y^1 =$（爱情片，动作片）而 $y^2 = 1$（文艺片，惊悚片）。在此假设下，显式地考虑多视图有很多好处。仍以电影为例，某个片段上有两人对视，仅凭图像画面信息难以分辨其类型，但此时若从声音信息听到“我爱你”，则可判断出该片段很可能属于“爱情片”；另一方面，若仅凭图像画面信息认为“可能是动作片”，仅凭声音信息也认为“可能是动作片”，则当两者一起考虑时就有很大的把握判别为“动作片”。显然，在“相容性”基础上，不同视图信息的“互补性”会给学习器的构建带来很多便利。

协同培训是一个很好用的多视图“兼容互补”，假设数据的两个充分条件和独立的观点。“充分”是指每个视图包含足以产生最优分类器的信息；“有条件独立”指的是两个独立的类的集合视图标记条件。在这种情况下，可以是一个简单的方法来使用未标记的数据：基于每个第一视角。将标记后的样本训练成一个分类器，然后让每一个分类器分别用伪标记选择其“最有信心”的未标记样本，而伪标记样本又提供另一个分类器作为训练和更新的新样本……“相互学习和共同进步”的过程反复进行，直到两个分类器不再改变或到达预先设定的迭代。如果在每一轮学习中对所有未标记样本的分类可信度进行研究，就会产生很大的计算开销，因此在算法中使用未标记的样本缓冲池。分类置信度估计是一种遗传学习算法。不同的，例如，如果使用朴素贝叶斯分类器，可以转化为后验分类信任；如果使用支持向量机，它可以转化为分类置信区间大小。

虽然协作训练过程简单，但令人惊讶的是，理论证明表明，如果两个视图和充分条件独立，可以通过合作训练使用未标记样本将增强弱分类器的泛化性能提高到任意高。不过，视图的条件独立性在现实任务中通常很难满足，因此性能提升幅度不会那么大。但研究表明，即便在更弱的条件下，协同训练仍可有效地提升弱分类器的性能。

基于分歧的方法只需采用合适的基学习器，就能较少受到模型假设、损失函数非凸性和数据规模问题的影响，学习方法简单有效、理论基础相对坚实、适用范围较为广泛。为了使用此类方法，需能生成具有显著分歧、性能尚可的多个学习器。但当标记样本很少，尤其是数据不具有多视图时，要做到这一点并不容易，需有巧妙的设计。

参考文献

[1] 蔡子兴，徐光祐．人工智能及其应用［M］．北京：清华大学出版，2010.

[2] 常正波．基于可拓的分类神经网络研究及其应用［D］．大连海事大学，2005.

[3] 陈雯柏．人工神经网络原理与实践［M］．西安：西安电子科技大学出版社，2016.

[4] 陈彦桥，王印松，刘吉臻．基于 PID 型模糊神经网络的火车站电站单元机组协调控制［J］．动力工程，2003（1）.

[5] 丁建勇，陈允平．基于 ELMAN 神经网络的内模控制机器应用［J］．热能动力工程，2000（26）.

[6] 董宁．基于神经网络的球杆控制系统的设计［D］．东北大学，2010.

[7] 飞思科技产品研发中心．神经网络理论与 MATLAB7 实现［M］．北京：电子工业出版社，2006.

[8] 费仙风．神经模糊技术的研究与应用［D］．贵州大学，2003.

[9] 甘勤涛，徐瑞．时滞神经网络的稳定性与同步控制［M］．北京：科学出版社，2016.

[10] 高珊珊．模糊神经网络在火灾探测中的应用研究［D］．大连理工大学，2004.

[11] 古勇，苏宏业．循环神经网络建模在非线性预测控制中的应用［J］．控制与决策，2003（2）.

[12] 韩力群，施彦．人工神经网络［M］．北京：机械工业出版社，2017.

[13] 韩丽．神经网络结构优化方法及应用［M］．北京：机械工业出版社，2012.

[14] 何玉彬．神经网络控制技术及其应用［M］．北京：科学出版社，2000.

[15] 何正风．MATLAB R2015b 神经网络技术［M］．北京：清华大学出版社，2016.

[16] 蒋泽甫．神经网络自适应控制技术研究与应用［D］．贵州大学，2006.
[17] 李益国，沈炯．火车单元机组负荷模糊内模控制及其仿真研究［J］．中国电机工程学报，2002（4）.
[18] 廖晓峰，杨叔子，程世杰，等．具有反应扩散的广义神经网络的稳定性［J］．中国科学（E 辑），2002（6）.
[19] 刘金琨．RBF 设计网络自适应应控制 MATLAB 仿真［M］．北京：清华大学出版社，2014.
[20] 刘金琨．先进 PID 控制 MATLAB 仿真［M］．北京：中国工信出版集团，2016.
[21] 刘志远，吕剑虹．基于 RBF 神经网络的单元机组负荷系统建模研究［J］．控制与决策，2003（18）.
[22] 罗毅平，邓飞其，赵碧蓉．具反映扩散无穷连续分布时滞神经网络的全局渐近稳定性［J］．电子学报，2005（2）.
[23] 王雷．基于神经网络的复杂工业过程混合智能建模研究［D］．中国科学技术大学，2003.
[24] 王晓红，付主木．时滞型神经网络动力学分析及在电力系统中的应用［M］．北京：科学出版社，2015.
[25] 王晓梅．神经网络导论［M］．北京：科学出版社，2017.
[26] 闻新，李新，张兴旺．应用 MATLAB 实现神经网络［M］．北京：国防工业出版社，2017.
[27] 吴岸城．神经网络与深度学习［M］．北京：电子工业出版社，2017.
[28] 吴志雄，袁镇福．CMAC 逆模型用于电站负荷协调控制的研究［J］．动力工程，2004（1）.
[29] 郗强．具有混合时滞和分段常数变元的脉冲神经网络的稳定性的分析［D］．山东大学博士学位论文，2014.
[30] 许伯强，李和明．基于参数辨识的异步电动机温度在线监测方法［J］．华北电力大学学报，2002（29）.
[31] 许义海．前馈神经网路的 BP-GA 混合学习算法及其在非线性控制领域中的应用［D］．中山大学，2004.
[32] 曾军．神经网络 PID 控制器的研究及仿真［D］．湖南大学，2004.
[33] 张泽旭．神经网络控制与 MATLAB 仿真［M］．哈尔滨：哈尔滨工业大学出版社，2011.
[34] 赵芝璞．基于 FPGA 无刷直流电机神经网络控制器设计［D］．江南大学，2006.

[35] 钟守铭，刘碧森，王晓梅，等．神经网络稳定性理论［M］．北京：科技出版社，2008.
[36] 周志华．机器学习［M］．北京：清华大学出版社，2016.
[37]［美］米罗斯拉夫·库巴特．机器学习导论［M］．北京：机械工业出版社，2017.
[38]［英］玛格丽特·博登．AI 人工智能的本质与未来［M］．北京：中国人民大学出版社，2017.